西安外国语大学经济金融学院应用经济学博士文丛
本书受西安市社会科学规划基金课题（项目编号：19J129）、陕西省教育厅科研计划项目（项目编号：19JK0701）和西安外国语大学校级科研项目（项目编号：19XWD14）资助

经济管理学术文库·经济类

基于制度质量视角的中国环境污染问题研究

Research on environmental pollution in China from the perspective of institutional quality

王 石／著

经济管理出版社
ECONOMY & MANAGEMENT PUBLISHING HOUSE

图书在版编目（CIP）数据

基于制度质量视角的中国环境污染问题研究/王石著．—北京：经济管理出版社，2019.10
ISBN 978－7－5096－6900－6

Ⅰ．①基…　Ⅱ．①王…　Ⅲ．①环境污染—污染防治—研究—中国　Ⅳ．①X508.2

中国版本图书馆 CIP 数据核字（2019）第 195621 号

组稿编辑：曹　靖
责任编辑：任爱清
责任印制：黄章平
责任校对：王纪慧

出版发行：经济管理出版社
（北京市海淀区北蜂窝 8 号中雅大厦 A 座 11 层　100038）
网　　址：www.E－mp.com.cn
电　　话：（010）51915602
印　　刷：北京晨旭印刷厂
经　　销：新华书店
开　　本：720mm×1000mm/16
印　　张：11.5
字　　数：219 千字
版　　次：2019 年 10 月第 1 版　　2019 年 10 月第 1 次印刷
书　　号：ISBN 978－7－5096－6900－6
定　　价：68.00 元

·版权所有　翻印必究·
凡购本社图书，如有印装错误，由本社读者服务部负责调换。
联系地址：北京阜外月坛北小街 2 号
电话：（010）68022974　　邮编：100836

前　言

改革开放以来，随着我国经济快速增长，环境污染问题日益突出，已严重影响到我国人民的身体健康和正常生产生活。鉴于环境质量对经济可持续发展的重要性，党和政府越来越重视环境保护工作。2015 年我国公布实施了号称“史上最严”环保法。2017 年 10 月，习近平总书记在党的第十九次全国代表大会中指出：“必须树立和践行绿水青山就是金山银山的理念，坚持节约资源和保护环境的基本国策，像对待生命一样对待生态环境”。但制度的完善并没有完全解决环境污染问题，当制度质量低下时，一些主管人员和高污染企业共谋，为不符合环保标准的污染项目开启环评绿灯，极大地弱化了环境规制强度，使已有的各项环境规制形同虚设，导致环境质量恶化。然而学术界对制度质量影响环境质量作用方向和内在机理的考察较少且不够深入，现有的研究多以跨国数据为研究对象，以我国地区层面为研究对象的相对少见。本书尝试对制度质量影响环境污染进行全面系统的考察，这对于弥补本领域研究的不足具有重要的理论意义，对于从制度视角探寻我国环境污染解决方式具有较强的现实意义。

首先，本书界定了制度质量的概念；其次，构建了包含采用污染生产技术并与一些主管人员串谋规避环境成本的生产企业、采用清洁生产技术的诚实生产企业、环保主管人员和政府检察机关的两阶段完美信息和不完全信息动态博弈分析框架，探讨了一次总付和比例环境成本两种情形下市场准入环评过程和准入后实际生产过程的企业产量、生产技术选择，进而分析了制度质量弱化对环境污染的直接作用机制。除此之外，制度质量弱化还分别与隐性经济、外商直接投资、收入不平等交互作用影响环境污染，本书在理论框架下对这几种潜在作用机制进行了研究。在实证分析部分，利用我国省际面板数据空间计量模型对理论分析结论进行了验证。本书的主要发现是：

第一，一些主管人员为实现个人利益最大化在市场准入环评过程和准入后实际生产过程中与高污染企业共谋，使制度质量弱化和高污染企业能够顺利进入组织生产，而在生产过程中这类企业只需承担部分环境费用，降低了潜在进入企业预期生产总成本，因而有更多的企业将进入该行业组织生产活动，增加了社会总产出。另外，预期环境成本的下降使部分原来使用清洁生产技术的企业发现使用污染生产技术利润更高，因此，转而使用污染生产技术，经济中使用污染生产技术的企业份额上升，即制度质量弱化提高了社会平均污染率。这两个环节的制度质量均会导致均衡社会总产出和社会平均污染率上升，表明制度质量弱化对环境污染具有显著促进作用。

第二，基于我国 1994～2015 年 29 个省份面板数据和空间计量方法的回归分析证实了理论模型结论，且相较于工业废气，工业废水排放对制度质量弱化程度更敏感；不同地区制度质量弱化对环境污染的影响存在差异，对环境污染的促进作用在经济发展水平和市场化程度较高的东部地区较低，在中西部地区较高。

第三，非正式部门生产可以规避环境规制约束，因此，隐性经济规模上升会增加污染排放；制度质量弱化程度上升会降低政府治理水平、弱化隐性经济部门监管、相对增加正式部门运营成本，因此，企业将部分生产活动转移或直接外包给隐性经济部门的激励上升，即制度质量弱化强化了隐性经济对污染排放的促进作用。

第四，当存在制度质量弱化时，以往因不符合东道国名义环境标准而不能进入的 FDI 通过和主管人员共谋使环境规制隐性降低，进而投资生产，导致在发展中国家投资建厂的 FDI 整体质量和清洁度下降；高技术 FDI 出于对东道国政府治理水平和知识产权保护的担忧，倾向于以独资而非合资形式设立企业，这削弱了 FDI 企业技术溢出效应和内资企业技术吸收能力，即制度质量弱化强化了外商直接投资对污染排放的促进作用。

第五，制度质量弱化与居民收入不平等交互作用间接增加了污染排放。当环境规制由易拉拢的主管人员决定时，由于环境污染成本由全体居民承担，收益却主要归属于高收入阶层的污染企业主，污染企业存在降低环境规制的激励，因此，收入分配不平等程度越高、制度质量弱化越严重，高收入阶层（即生产企业主）和主管人员合谋对环境规制的弱化作用越强，污染排放也越多，即制度质量弱化与收入不平等交互作用间接促进了污染排放。

通过上述研究，本书发现制度质量弱化程度上升的确会增加污染排放，加强制度建设对减少污染具有积极作用，因此，我国应改进、优化权力约束机制，建

立健全各项制度；重点加强环保领域制度建设，改革环保绩效考核办法；加快市场化建设与经济结构转型升级，提高污染率较低的第三产业在国民经济中占比，破除主管人员和污染企业合谋的先决条件。

由于笔者水平有限，编写时间仓促，所以书中错误和不足之处在所难免，恳请广大读者批评指正。

王石

2019 年 7 月 3 日于西安外国语大学

目　录

第一章　绪　论

第一节　研究背景和意义

一、研究背景

改革开放以来，我国的经济建设取得了举世瞩目的成绩，人民物质生活水平大幅提高。但与此同时，经济发展所造成的环境污染问题日益严重。美国耶鲁大学每两年发布一次的全球环境绩效指数（Environmental Performance Index，EPI）显示，在过去的五次报告中，我国环境质量在所有被统计国家的排名分别是2008年第105位（105/149），2010年第121位（121/163），2012年第116位（116/132），2014年第118位（118/178），2016年第109位（109/180），可以看到2014年和2016年，虽然我国相对排名有所上升，但在所有国家中仍处于靠后位置。需要特别提及的是空气污染，在2016年报告中，我国空气质量在所有被统计国家中排名倒数第二，比空气污染极其严重的印度还低一位，仅高于孟加拉国，其中PM2.5年平均值更是排名最后一位。长期暴露在污染空气中使淮河以北居民更易罹患各种心肺疾病，预期寿命也因此下降5.5年（Chen et al.，2013）。另外，根据环境保护部发布的《2016中国环境状况公报》，2016年我国338个地级及以上城市中有超过75%的城市空气质量超标，发生重度及以上污染共3248天次。2016年12月16日至21日出现的重度霾天气过程导致268万平方公里的国土受影响，其中石家庄等地区PM2.5峰值浓度甚至超过了1000微克/立方米，是世界卫生组织指导标准上限的100多倍，雾霾污染导致呼吸道疾病发病率增加近30%，且多地中小学和幼儿园停课、工厂停产和城市内车辆限行，严重影响了人民群众的身体健康和正常生产生活。

与此同时，我国还面临着制度质量弱化的压力。国际货币基金组织（IMF）对制度质量弱化的定义为“出于私人目的或利益的公权力和公共资源的滥用”。Svensson（2005）采用法学层面上的定义，制度质量是指“滥用公权力的私人所得”，包括官员收受贿赂、侵占国有资产、公权力滥用等，本书采用这一定义。透明国际（Transparency International）每年会依据世界银行（World Bank）、环球透视（Global Insight）等世界著名组织的专家评估和国民、跨国企业的调查发布CPI指数（Corruption Perception Index）①，中国、美国、英国等国家1995～2016年的CPI得分如图1－1所示。可以看出，1995～2016年我国的CPI得分呈缓慢上升趋势，排名也由2014年的第100位上升到2016年的第79位，即制度质量弱化状况在逐渐改善。但大部分年份中国的CPI得分都在30～40分，总体排名也处于中等偏后位置。从国家间对比来看，我国的CPI得分远低于美英等发达国家，与印度和哥伦比亚等政府治理水平较差的国家处于同一水平，属于制度质量弱化较为严重的国家。

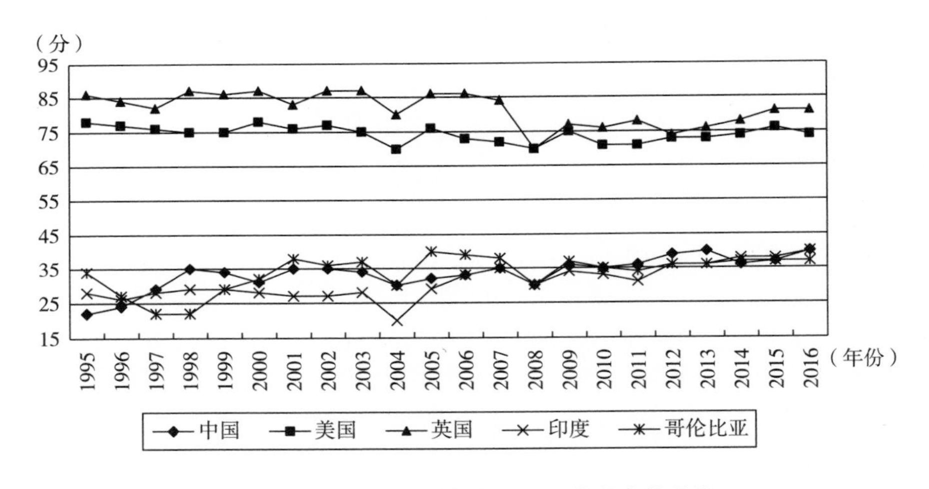

图1－1　1995～2016年各国CPI指数变化趋势

环境污染和制度质量弱化的双重压力不禁让人产生这样的疑问：制度质量弱化和环境污染之间是否存在某种内在联系？直观看来答案是肯定的，在我国，由于法律规定项目的新、扩、改、迁必须通过环境影响评价，否则项目建设无法进

① 2011年及以前该指数采用十分制，2012年以后采用百分制，本书将2012年之前的数据直接乘以10换算到百分制。CPI指数得分越高的国家或地区其制度质量弱化程度越弱，其中得分在25分以下说明制度质量弱化程度极其严重，25～50分表示比较严重，50～80分表示存在轻度制度质量弱化，80分以上表示基本不存在制度质量弱化。

行，这便为环保部门官员寻租提供了途径。例如，2012 年，江苏省南通市王子造纸排污管道事件引出当地环保窝案，包括南通市环保局原局长陆伯新在内的 30 余名环保系统官员落马，环保系统官员和当地高污染企业合谋，对其肆意直排、填埋和倾倒各类毒害污染物放任不管，有些化工行业高污染企业在环评未通过的情况下就可以开展生产，已经造成的污染事故还可避免缴纳高额罚金。机动车环保检测过程也问题严重，据媒体报道，在广西桂林部分汽车检测站不符合机动车尾气排放标准的车辆只要花钱就能买到环保标志，这导致大量超标排放的机动车上路行驶。可以说这些地方的环保产业已形成完整利益链，环保系统官员依靠和高污染企业合谋增加个人收入，因此，辖区内污染企业越多，环保部门官员的收入越高，导致当地生态环境受到了极大破坏。

除了环保官员和污染企业或个人合谋之外，地方政府对污染资金的违规占用还会导致环境质量恶化。2016 年底，财政部对北京、天津等九个地区 2013 ~ 2015 年中央大气污染防治专项资金的使用情况进行了审计，发现多地存在违规挪用专项资金情况，仅安徽的 10 个县就违规将超过 2 亿元专项资金用于单位福利等。

从上述案例可以发现，无论是官员与污染企业合谋还是侵占污染资金，都会造成污染排放增加，表明制度质量弱化是近些年我国环境质量持续恶化的重要原因之一。但案例研究不够严谨，对问题的分析不够透彻，必须借助理论分析框架和实证模型对这一问题进行全面系统的研究。

二、研究意义

现有文献对环境污染问题的研究主要从经济增长、外商直接投资、国际贸易、经济集聚等宏观经济视角展开，较少有文献研究制度与环境污染之间的关系，对制度质量弱化和环境污染关系的研究则更少。本书将制度质量弱化和环境污染置于同一分析框架，构建理论模型对制度质量弱化影响环境质量的作用机制进行了全面而又系统的考察，发现不仅通过弱化环境规制实际执行力度直接增加了污染排放，还与隐性经济、外商直接投资交互作用分别促进污染排放。本书研究是从制度视域分析环境污染的有益探索，是对环境污染影响因素相关理论的补充，因而具有重要的理论意义。

近些年，我国环境污染问题日益严重，环境污染已经成为影响居民身体健康和经济可持续发展的重要障碍。各级权力机关和政府部门通过出台各类环境保护法律法规、进行碳排放权交易试点、设立污染减排专项资金等多种举措积极应对。但环境污染的治理不仅需要出台各项环境规制，还需要尽职尽责的各级政府官员贯彻实施。本书基于空间计量模型的实证研究发现，制度质量弱化对于环境规制和环境质量具有负向影响，论证了现阶段强化制度质量的必要性和紧迫性，并有针对性地提出了加强监管、降低环境污染的政策建议，这对于改善我国环境质量，实现我国经济、社会和自然的可持续发展具有较强的现实意义。

第二节　制度质量概念界定

本书用腐败作为制度质量弱化代理变量，前者的公认定义是“以权谋私”（Tanzi & Davoodi，1998），除此之外，许多学者也对其做出过定义，例如“为了个人利益而出售政府资产”（Shleifer & Vishny，1993），或是“以违反法律或其他正式规则的方式使用公共权力寻求私利”（Manion，1997）、“出于私人目的或利益的公权力和公共资源的滥用”（国际货币基金组织）。制度质量在实际中，包括乱作为和不作为。乱作为是指行政机关及国家公务员为满足个人或小集团的私利，不正当、不合理、不合法地行使职权，不按照法律法规和政策办事。不作为是指行政主体有积极实施法定行政作为的义务，并且能够履行而未履行的状态；是行政主体对行政相对人的漠视，对其合理要求不处理。本书讨论的制度质量不仅存在于政府的环保部门，也包括与环保部门相关的或有影响的其他部门，具体包括官员收受贿赂、侵占国有资产、公权力滥用等。

从本书的研究对象来看，一方面，本书所指制度质量弱化既包括环保部门制度质量弱化，也包括其他政府部门如招商引资部门、税务部门和社会保障部门等的制度质量弱化，例如，挪用本应用于基础设施建设、企业研发补贴、教育和社会保障等领域的财政资金，和企业合谋以减免其本应缴纳的各项税费以及其他各类以权谋私行为，这类行为的存在不利于政府治理水平提高以及服务型政府建设，可能会导致隐性经济部门扩张。另一方面，本书的制度质量不仅影响内资企业，也包括外资企业市场准入过程。当制度质量弱化程度较高时，以往不符合东道国准入标准的低质量、不清洁 FDI 通过和地方官员合谋获得市场准入并组织生产，导致污染排放上升。

第三节　研究思路、技术路线和研究方法

一、研究思路和技术路线

我国现阶段制度质量弱化和环境污染存在双高的情形，本书旨在探讨两者之

间是否存在因果关系以及具体的影响方向，同时探讨潜在的作用机制。基于此，本书构建了包含采用污染生产技术并与官员串谋规避环境成本的生产企业、采用清洁生产技术的诚实生产企业、环保官员和政府检察机关的理论分析模型，探讨了企业进入、产量和生产技术选择以及均衡贿赂金额，进而分析了制度质量弱化对环境污染的直接影响。除此之外，制度质量弱化还分别与隐性经济、外商直接投资交互作用影响环境污染，本书在理论框架下对这几种潜在的作用机制进行了研究。在实证分析部分，利用中国省际面板数据和空间计量模型对理论分析的结论进行了验证。根据以上研究思路，本书技术路线如图 1－2 所示。

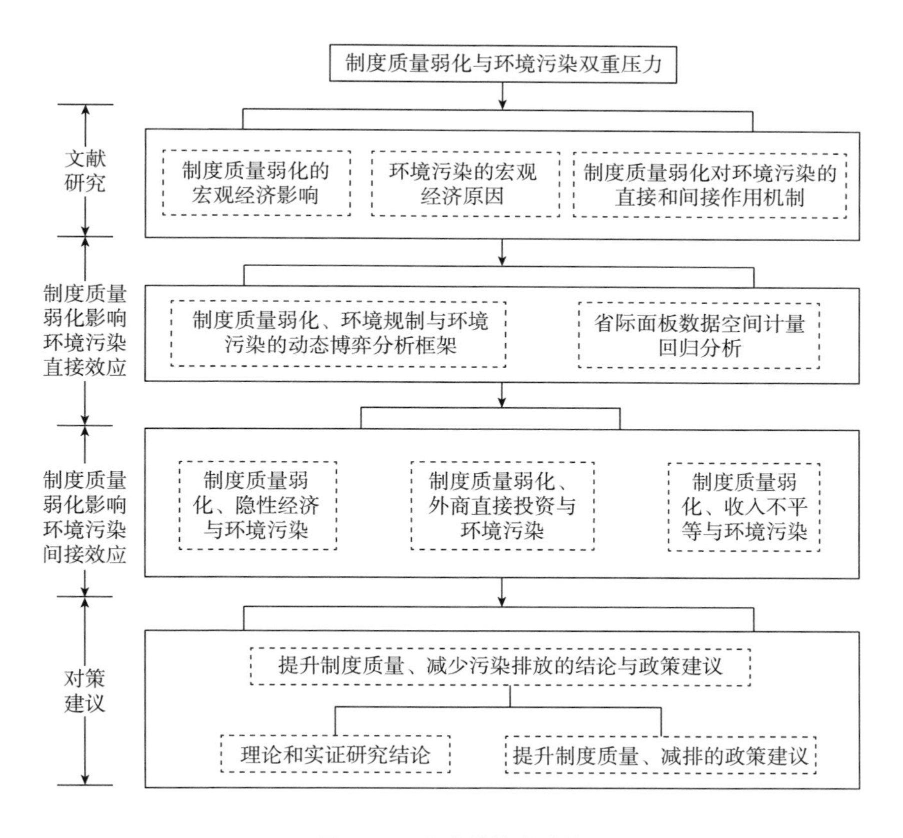

图 1－2 本书的技术路线

二、研究方法

本书主要采用的研究方法有四个：

（1）博弈论。本书在探究制度质量弱化对环境污染的直接影响以及制度质量弱化与隐性经济交互作用对环境污染的影响机制时，采用了两阶段动态博弈理论模型，并使用逆向归纳法和均衡分析方法对理论模型进行求解。

（2）空间分析方法。空间分析方法是本书实证研究所使用的主要研究方法，在分析我国地区环境污染的空间自相关时，采用了 Geary' C 指数、Moran' I 指数及其散点图；在从空间滞后模型（SLM）和空间误差模型（SEM）之间选取合适计量模型时，采用 LM 检验和稳健 LM 检验进行判断；在进行空间回归分析时，采用最大似然估计法（MLE）来估计模型中的各个参数。

（3）多指标多原因法（MIMIC）。在测算我国各地区隐性经济规模时使用了 MIMIC 法，该方法不同于传统仅考虑与隐性经济相关的单一因素的交易法或货币需求法，而是基于不可观测变量的统计理论，不仅考虑了导致隐性经济存在与变化的多重原因，也考虑了隐性经济的多种影响后果（指标）。在具体估计过程中，该方法通过使用因素分析法来估计作为不可观测变量的隐性经济，对我国各地区隐性经济规模的测算更为客观准确。

（4）对比研究法。在实证研究过程中，对比分析了不同污染物（工业废气和工业废水）、不同制度质量弱化指标（单位公职人员职务犯罪案件立案数、单位人口职务犯罪案件立案数、公职人员中女性人员占比）和不同地区（东中西部地区）制度质量弱化对环境污染直接作用和制度质量弱化与隐性经济、外商直接投资交互作用对环境污染影响的差异。

第四节　研究内容与可能的创新点

一、研究内容

根据上述研究思路和研究框架，本书的研究内容包括：

第一章，绪论。本章的主要内容是阐述本书研究背景与研究意义，界定本书的核心概念，介绍本书的研究思路、研究框架以及分析方法，并叙述本书主要的研究内容和创新点。

第二章，国内外相关文献综述。本章重点整理与归纳了以下三类文献：一是制度质量弱化的宏观经济影响研究，重点回顾了制度质量弱化对经济增长、居民收入差距、外商直接投资、政府支出结构和隐性经济的影响。二是环境污染的宏观经济原因研究，重点回顾了经济增长、收入差距、隐性经济、外商直接投资对环境污染的影响。以上两类主要目的是初步探究制度质量弱化对环境污染潜在的间接作用机制。三是制度质量弱化对环境污染的直接影响研究，介绍这一领域的最新研究进展。在借鉴现有研究基础上对存在的不足进行分析，并提出本书研究方向。

第三章，制度质量影响环境污染的机理分析。本章分析了制度质量弱化对环境污染的直接影响，通过构建包含污染生产企业、官员以及检察机关的理论分析模型，在两阶段动态博弈分析框架中探讨了一次总付和比例环境成本两种情形下制度质量对环境污染的内在作用机制。

第四章，制度质量影响环境污染的实证分析。本章分别以人均工业废气排放和人均工业废水排放为环境污染指标，利用 Moran' I 指数和 Geary' C 指数对我国地区环境污染的空间相关性进行了分析，之后利用中国省际面板数据和空间计量模型实证研究了地理距离权重、经济距离权重和混合权重等不同空间权重下地方政府制度质量弱化对环境污染的直接影响，并进一步分析了东中西不同区域制度质量弱化对环境污染影响的差异。

第五章，制度质量、隐性经济和环境污染。本章在基准模型的基础上，将生产部门细分为正式生产部门和非正式生产部门，探讨了制度质量和隐性经济交互作用对环境污染的内在作用机制。在实证分析部分，首先，本章利用多指标多原因法（MIMIC）对我国各省隐性经济规模占 GDP 份额进行了测算；其次，利用省际面板数据和空间计量模型实证研究了隐性经济对环境污染的作用是否受制度质量影响，并进一步分析了东中西不同区域影响的差异。

第六章，制度质量、外商直接投资和环境污染。本章将基准模型推广到开放经济情形，通过构建一般均衡框架探讨了东道国存在制度质量弱化和不存在制度质量弱化两种情况下外商直接投资对东道国污染排放的影响。在实证分析部分，利用省际面板数据和空间计量模型实证研究了外商直接投资对环境污染的作用是否受制度质量影响，并进一步分析了东中西不同区域影响的差异。

第七章，制度质量、收入不平等和环境污染。本章在动态博弈分析框架中探讨了环境规制由所有公民投票决定与由官员决定两种情形下收入分配不平等对环境标准和环境污染治理的影响。在实证分析部分，首先，本章对各地区全部居民收入基尼系数进行了测算；其次，利用省际面板数据和空间计量模型实证研究了地方政府制度质量弱化和收入不平等交互作用对环境污染治理的影响，并进一步分析了东中西不同区域影响的差异。

第八章，结论与展望。本章对全书进行了总结，提出了针对性的政策建议，简要探讨了将来可能的研究方向。

二、可能的创新点

与现有的研究文献相比，本书可能的创新点主要体现在以下四个方面：

（1）本书构建了包含污染生产企业、官员和政府检察机关的两阶段动态博弈分析框架，探讨了一次总付和比例环境成本两种情形下企业产出、生产技术最优选择以及均衡贿赂金额选择，进而分析了制度质量弱化对环境污染的作用机理。发现官员为实现个人利益最大化接受企业贿赂并降低环境规制实施力度，使企业在采用高污染生产技术时，只需承担部分环境成本，导致均衡社会总产出和社会平均污染率上升，表明制度质量弱化对环境污染具有显著促进作用。基于我国省际面板数据的空间计量分析证实了理论模型结论，且不同区域制度质量弱化对环境污染的影响存在差异，制度质量弱化对环境污染的促进作用在经济发展水平和市场化程度较高的东部地区较弱，而在中西部地区较强。本书的研究不仅是从制度视域分析环境污染问题的有益探索，也是对环境污染影响因素相关文献的补充，从而为我国环境污染提供了新思路。

（2）探讨了制度质量弱化和隐性经济交互作用对环境污染治理的影响。现有文献对制度质量弱化影响环境质量间接机制的研究主要是基于扩展 EKC 模型考察制度质量弱化与经济增长交互作用对环境污染的影响，而未探究其他可能作用机制。本书把生产部门细分为正式生产部门和非正式生产部门，将隐性经济、制度质量和环境污染纳入同一分析框架，利用两阶段完美信息动态博弈分析了制度质量弱化和隐性经济交互作用对环境污染治理的作用机制。发现制度质量弱化程度上升会降低政府治理水平、弱化对隐性经济部门的监管、相对增加正式部门的运营成本，因此，企业将部分生产活动转移或直接外包给隐性经济部门的激励上升，隐性经济规模扩大，即制度质量弱化通过扩大隐性经济规模间接促进污染排放。实证分析证实了理论模型结论，且不同区域制度质量弱化和隐性经济交互作用对环境污染治理的影响存在差异，东部地区制度质量弱化和隐性经济交互作用对污染排放的促进作用低于中西部地区。

（3）探讨了制度质量弱化和外商直接投资交互作用对环境污染治理的影响。现有文献仅研究了外商直接投资和环境污染的关系，未分析外商直接投资和制度质量弱化交互作用对环境污染的影响。本书将外商直接投资、制度质量弱化和环境污染纳入同一分析框架，研究了制度质量弱化通过影响外资质量和技术溢出效应进而影响环境质量的作用机理。理论模型表明，当不存在制度质量弱化时，如果发达国家和发展中国家环境规制水平差距较大，企业为规避发达国家严格的环境规制会将生产工厂转移到发展中国家，导致发展中国家环境污染上升，并逐渐成为发达国家跨国企业的污染天堂；当存在制度质量弱化时，以往因不符合东道国名义环境标准而不能进入的 FDI 通过和政府官员合谋使实际环境规制隐性降低，进而投资组织生产，已进入的 FDI 企业通过和官员合谋放松环保监察，改用污染率更高的生产技术以降低生产成本，导致在发展中国家投资建厂的 FDI 整体

质量下降；高技术 FDI 出于对东道国政府治理水平和知识产权保护的担忧，倾向于以独资而非合资形式设立企业组织生产，削弱了 FDI 企业技术溢出效应和内资企业技术吸收能力，即制度质量弱化和 FDI 交互作用进一步加剧了环境污染。实证分析结果表明，外商直接投资以及制度质量弱化和外商直接投资的交互作用均促进了污染排放，证实了理论模型结论。

（4）探讨了制度质量弱化和收入不平等交互作用对环境污染治理的影响。现有文献仅研究了收入不平等和环境污染的关系，未分析收入不平等和制度质量弱化交互作用对环境污染的影响。本书将收入分配、制度质量弱化和环境污染纳入同一分析框架，利用两阶段动态博弈分析了环境规制由所有人投票决定和由官员决定两种体制下收入不平等对环境规制以及环境污染治理的影响。理论模型表明，当环境规制由所有人投票决定时，收入分配不平等程度越高，环境标准就越高，污染排放越少；当环境规制不是由投票决定，而是由可能收受贿赂的官员决定时，由于环境污染成本由全体居民承担，收益却主要归属于高收入阶层的污染企业主，成本收益的不对称激励污染企业贿赂政府官员以降低环境规制，因此，收入分配不平等程度越高，制度质量弱化就越严重，高收入阶层行贿政府官员对环境规制的弱化作用越强，污染排放也越多，即制度质量弱化与收入不平等交互作用间接促进污染排放。实证分析结果表明，制度质量弱化和收入不平等交互作用促进了污染排放，证实了理论模型结论。

第二章　国内外相关文献综述

前一章的分析表明，随着经济快速增长，我国制度质量弱化和地区环境污染问题均日益严重。本章在梳理制度质量弱化的宏观经济影响以及环境污染的宏观经济原因等领域研究文献的基础上，初步探究制度质量弱化对环境污染的影响以及潜在作用机理。

第一节　制度质量的宏观经济影响

制度质量弱化的宏观经济学分析主要集中在以下三个方面：一是制度质量弱化衡量指标的选取与测度（过勇，2017）；二是制度质量弱化的原因分析（姜树广、陈叶烽，2016）；三是制度质量弱化的宏观经济影响研究，而这一领域又可分为制度质量弱化对经济增长、收入分配、外商直接投资和政府支出等的影响。本节主要对制度质量弱化的宏观经济影响研究文献进行梳理。

一、制度质量与经济增长

关于制度质量弱化对经济增长的影响，经济学界存在两种截然相反的观点：

一种是“制度质量弱化有益论”，即认为制度质量弱化能促进经济增长。最早研究制度质量弱化和经济增长关系的学者大多支持这一观点。企业家通过向官员行贿可以减少未来政府干预、简化行政审批中的繁文缛节并节约时间成本、提高政府管理效率、避免或延缓不利于投资的经济政策出台与实施，某些时候行贿甚至是企业解决生产经营过程中障碍的唯一方式（Leff，1964；Nye，1967；Lui，1985）。Huntington（1968）认为，在某些时候制度质量弱化可以规避不利于经济扩张的传统法律和政府规制。一些案例和实证研究也支持“制度质量弱化有益论”（Rock & Bonnett，2004；Méon & Weill，2010；Heckelman & Powell，2010；

Dreher & Gassebner，2013）。

另一种是“制度质量弱化有害论”，即制度质量弱化不利于经济增长，近些年的主流研究文献均支持这一观点，尤其是对于发展中国家。Murphy 等（1993）发现，制度质量弱化会导致生产要素误配进而不利于经济增长。Mauro（1995）基于58个国家的数据集进行实证研究发现，制度质量弱化会抑制企业投资与经济增长。Mo（2001）基于1970～1985年国家间面板数据进行实证研究，发现制度质量弱化通过三种机制降低经济增长速度：一是人力资本机制，即制度质量弱化促使企业家和劳动者从生产活动转到寻租活动，这将降低生产效率和产出增长速度；二是制度机制，制度质量弱化往往伴随着徇私和任人唯亲，这将导致政治不稳定，其隐蔽和非法的特性将降低政府制度的公信力，导致制度失灵；三是投资机制，制度质量弱化会减少社会投资和创新活动，进而降低经济增速。潜在投资者和创新者往往需要许可证或专利，因而很容易受到官员的影响。Blackburn 等（2006）通过构建包含制度质量弱化、税收和经济增长的 DGE 模型发现，制度质量弱化不利于经济增长。Johnson 等（2014）利用1975～2007年美国各州面板数据对制度质量弱化和经济增长的关系进行了研究，发现尽管制度质量弱化不利于经济增长，但制度质量弱化对经济增长的影响程度取决于地方政府的管制力度，在政府管制较强的州负面作用较小。

此外，还有学者认为，制度质量弱化对经济增长的影响取决于制度环境，当一国具有良好的制度环境时，制度质量弱化会抑制经济增长。当制度环境较差时，制度质量弱化对经济增长没有显著影响（Aidt et al.，2008；Aidt，2009）。

我国学者对制度质量弱化和经济增长的关系也进行了大量研究，且基本都支持“制度质量弱化有害论”。刘勇政和冯海波（2011）将制度质量弱化加入内生经济增长模型，发现制度质量弱化可能通过公共支出效率机制影响经济增长，利用我国省级面板数据进行实证研究发现，制度质量弱化通过降低公共支出效率负向影响经济增长。万良勇、陈馥爽和饶静（2015）从微观视角对制度质量弱化和经济增长关系进行了研究，结果发现，制度质量弱化既会减少企业的有效投资行为，又会增加过度投资行为，因而整体上降低了企业投资效率和经济增长速度。吕雷、汪天凯和俞岳（2017）基于我国2000～2015年省际面板数据分析了制度质量弱化通过金融生态环境影响经济增长的间接机制，结果发现制度质量弱化的存在会弱化金融生态环境的经济促进作用，从而负向影响经济增长。李泉、马黄龙（2017）基于我国省际面板数据、PVAR 模型和脉冲响应函数进行实证研究发现，制度质量弱化与经济增长之间存在负相关关系。

二、制度质量与收入不平等

制度质量弱化对收入分配影响的研究存在三种观点，第一种观点认为，制度质量弱化会单向扩大收入差距，大多数学者支持这一观点。Tanzi（1998）认为，制度质量弱化有关的收益往往归属于易拉拢的主管人员和行贿企业主，这两类人都是高收入阶层，因而制度质量弱化会扩大收入差距。Glaeser 和 Saks（2006）利用美国数据进行研究发现，制度质量弱化是导致美国居民收入不平等扩大的重要原因。Blackburn 和 Forgues - Puccio（2007）构建动态理论模型分析了制度质量弱化对收入分配的影响，发现高收入阶层通过行贿来规避本应承担的各类税收，政府收入的减少降低了其收入再分配职能的效用，这两种机制均会扩大收入不平等。Mehen（2013）利用包括126个国家的数据集和两阶段最小二乘估计法进行实证分析发现，制度质量弱化程度和收入差距之间存在正相关关系。Batabyal 和 Chowdhury（2015）利用1995～2008年30个国家的面板数据进行实证分析，发现制度质量弱化通过抑制金融发展间接扩大了收入分配差距。

在国内学者中，吴敬琏（2006）认为，造成我国居民收入不平等的最主要因素是机会不平等，而造成机会不平等的首要因素就是制度质量弱化。陈刚（2011）利用我国省际层面数据，研究了制度质量弱化对城镇居民和农村居民内部以及城乡间收入差距的影响，结果发现，尽管制度质量弱化显著扩大了城镇居民和农村居民内部收入差距，但对城乡间收入差距无明显影响。吴一平和朱江南（2012）利用县级横截面数据进行回归分析发现，反制度质量弱化是影响县际收入差距的重要因素，反腐力度较强的县居民收入水平更高，且反制度质量弱化对收入差距的解释力度仅次于资本积累、政府支出和城市化等因素。孙群力（2014）利用1978～2012年我国时间序列数据对制度质量弱化和收入不平等关系进行了研究，发现权力寻租和制度质量弱化形成的收入只会使少数人受益，且会降低资源配置效率，进而造成收入差距扩大。张璇、杨灿明（2015）基于120个地级市2006～2008年面板数据进行实证分析后发现，制度质量显著扩大了我国城乡间收入差距，该结论在控制一系列影响收入差距的变量后仍显著成立，分地区的研究表明，制度质量弱化对东部发达地区城乡收入差距的作用强于中西部地区。薛宝贵、何炼成（2015）通过理论分析发现，官员利用公权力设租寻租，而租金一般由官员和行贿者共享，租金的产生会造成社会大众福利损失，其结果必然导致收入差距扩大。曹皎皎（2016）利用时间序列数据进行实证分析发现，政府制度质量弱化水平的上升会扩大收入差距，且这一关系是通过扭曲政府在投资、税收和资源配置等领域的职能来实现的。

第二种观点认为，制度质量弱化和收入差距之间并不存在显著的因果关系，王立勇、陈杰和高伟（2014）研究表明，虽然制度质量和收入不平等之间存在负相关关系，但制度质量弱化并不是收入差距扩大的原因。李泉、马黄龙（2017）利用2006～2015年省际面板数据和PVAR模型进行实证研究发现，虽然制度质量弱化机会指数负向影响居民收入差距，但这一关系在统计上并不显著。

第三种观点认为，制度质量弱化和收入差距之间不是简单的线性关系，而是较为复杂的倒U型关系，例如，Chong 和 Calderón（2000）以及 Li 等（2000）基于跨国面板数据研究发现，制度质量弱化和收入不平等之间存在倒U型关系，其原因在于，在制度质量弱化水平较低的国家，人们专注于从事正规生产活动，此时经济达到高水平均衡，收入分配较为公平；在制度质量弱化水平较高的国家，人们的精力主要用于各类寻租活动，此时经济达到低水平均衡，收入分配也较为公平；中等制度质量弱化水平的国家收入分配差距则高于前两者。此外，还有研究表明，制度质量弱化有利于缩小居民收入差距（Dobson & Ramlogan-Dobson，2010）。

三、制度质量与外商直接投资

对现有的文献进行整理后发现，制度质量弱化对外商直接投资影响的研究主要集中在两个领域，一个研究领域是制度质量弱化对 FDI 作用方向的研究。这一领域包括两种观点，一种观点认为，制度质量弱化是 FDI 流入的“沙子”（Sand the Wheels），即制度质量弱化会减少 FDI 流入，Habib 和 Zurawicki（2001）基于跨国面板数据集对东道国制度质量弱化和 FDI 的关系进行了实证研究，发现东道国制度质量弱化对 FDI 具有显著的负向影响。Egger 和 Winner（2006）基于 1983～1999 年 80 个国家的面板数据研究发现，制度质量弱化对 FDI 流入既有促进作用也有抑制作用，但后者大于前者，因此，从总体上来看制度质量弱化不利于 FDI 流入。Du 等（2008）利用美国企业在中国的投资数据，发现美国跨国公司更愿意投资于制度质量弱化水平低、合同履行情况好的地区。Sadig（2009）利用 117 个国家的面板数据进行研究，同样发现尽管制度质量弱化不利于 FDI 流入，但相较于制度质量弱化，政府制度质量对 FDI 的影响更显著。Pupović（2013）利用透明国际报告和世界银行数据进行实证研究发现，制度质量弱化和 FDI 流入之间存在负相关关系。Quazi（2014）利用 1995～2011 年面板数据对东亚和南亚国家的制度质量弱化和 FDI 关系进行了研究，结果发现，制度质量弱化显著负向影响 FDI，支持“攫取之手”假说。在我国学者中，韩冰洁、薛求知（2008）研究发现，制度质量弱化不仅会影响 FDI 总量，也会影响 FDI 的来源，利用 2002 年横截面数据进行实证分析表明，东道国制度质量弱化会显著减少具有海外反制度质量弱化法的母国的投资，但如果 FDI 母国的制度质量弱化程度远低于东道国，那么东道国制度质量弱化会有利于该国 FDI 的流入。吴一平（2010）利用 1992～2004 年省际面板数据和工具变量法对 FDI 在我国的区位选择影响因素进行了研究，发现制度质量弱化程度上升和政府干预、政府规模增加均是抑制外商直接投资流入的重要因素。另一种观点认为，制度质量弱化是 FDI 流入的“润滑剂”(Grease the Wheels),即制度质量弱化有利于 FDI 进入。Subasat 和 Bellos (2013) 利用 14 个发展中国家数据进行的实证研究均发现,制度质量弱化能够缩短行政审批时间、激励官员提高办事效率、规避制度缺陷,因而能促进 FDI 流入。廖显春、夏恩龙 (2015) 构建了一个包含地方政府、内资企业和外资企业的三阶段博弈模型,发现制度质量弱化水平的增加会导致地方政府盲目进行招商引资,因而促进了 FDI 流入,基于我国省际面板数据的实证研究也支持了上述结论。

另一个研究领域是制度质量弱化对 FDI 具体影响的分析。关于制度质量弱化与 FDI 进入模式。东道国制度质量弱化会改变跨国公司的进入模式,使其更倾向于以合资形式而非独资形式进行投资,并且将降低采用绿地投资进入东道国的 FDI 比例 (Javorcik & Wei, 2009; Wei & Shleifer, 2000)。薛求知、韩冰洁 (2008) 以 19 个新兴国家的跨国公司为研究样本,分析了东道国制度质量弱化对 FDI 进入模式的影响,发现由于向官员行贿需要一定的关系基础,且受到母国质量弱化法约束的 FDI 管理人员不愿从事制度质量弱化活动,因此,无论国家层面上还是产业层面上,当制度质量弱化感知较高时,FDI 均倾向于与东道国企业建立合资企业。此外以战略动机为资源导向和效率导向的 FDI 更愿采取合资进入形式,而市场导向型的 FDI 则刚好相反。

关于制度质量弱化与 FDI 技术溢出效应。尽管 FDI 对东道国企业具有技术溢出效应,但这取决于东道国的制度质量弱化程度,当东道国制度质量弱化程度较高时,将减少高质量 FDI 进入、迫使 FDI 采取不利于技术溢出的独资进入形式,减少东道国在科技研发和教育等领域的政府支出以及人力资本积累、制约本地企业家创新精神与技术吸收能力,因此,只有当东道国制度质量弱化程度较低时,FDI 才具有显著的技术溢出效应 (马岚, 2015)。李子豪 (2017) 对我国省际层面和地市层面的实证研究还表明,在经济发展水平和市场化程度较低的中西部地区制度质量弱化对 FDI 技术溢出的抑制作用更强。港澳台 FDI 由于与大陆具有较多的政治经济联系,较为熟知大陆官场规则,非港澳台则要受到本国反制度质量弱化法的制约,因此,制度质量弱化对非港澳台 FDI 技术溢出效应负面影响更大。

还有研究认为,制度质量弱化对 FDI 的影响不是取决于东道国绝对制度质量弱化水平,而是取决于东道国和 FDI 母国制度质量弱化水平的差异,即所谓“制度质量弱化距离”。当 FDI 母国制度质量弱化水平高于东道国时 (即正的制度质量弱化距离),东道国制度质量弱化有利于 FDI 流入,因为跨国公司具有丰富的与官员交往经验;当 FDI 母国制度质量弱化水平低于东道国时 (即负的制度质量弱化距离),东道国制度质量弱化不利于 FDI 流入,因为跨国公司缺乏面对官员

的处世技巧（韦茜和苏凯，2016；Qian & Sandoval-Hernandez，2016）。

四、制度质量的其他影响

1. 制度质量弱化和政府支出

制度质量弱化对政府支出的总量、结构和效率都会产生影响。官员贪污公款使实际财政支出额下降，政府监管潜在官员也需要消耗一定的资源。为了保证既定投资计划顺利完成，政府将不得不增加财政支出总额；由于教育等公共服务支出领域不需要政府提供科技含量较高的产品，因此，制度质量弱化程度的上升会降低公共产品支出占比，提高经济性支出占比（Tanzi & Davoodi，1998；Mauro，1998）。谷成、曲红宝、王远林（2016）利用2007～2013年我国省际面板数据研究发现制度质量弱化提高了一般公共服务、农林水事务支出和城乡社区事务等支出在决算支出中占比。制度质量弱化的存在使政府支出主要用于容易得到贿赂的高新技术产品采购和基础设施建设等领域，不容易滋生制度质量弱化的教育等领域则很难得到投资，这使一些领域投资过度而另一些则投资不足，扭曲了政府支出结构，进而降低了财政支出效率（刘勇政和冯海波，2011）。

2. 制度质量弱化和企业家活动配置

制度质量弱化会造成企业家活动配置的扭曲。当地区制度质量弱化程度严重时，非生产性活动的增加可以提升企业效益，而生产性活动的增加则会降低企业效益，促使企业家将更多的精力和资源用于非生产性活动，同时降低对生产性活动的投入，这扭曲了企业家活动配置，但市场化水平的提高可以纠正这一错配（何轩等，2016）。

此外，制度质量弱化还会扩大隐性经济的规模（Friedman et al.，2000；Choi & Thum，2005）。

第二节　环境污染的宏观经济原因

一、经济增长与环境污染

国外学者关于经济增长和环境污染关系的研究最早可以追溯到 Meadows 等（1972）提出的“增长极限假说”，该假说认为，自然环境资源是有限的因而不足以支撑经济长期持续增长，环境保护只能以牺牲经济增长速度为代价。很多学者对这一假说提出了质疑，认为经济发展并不必然导致环境质量下降，Grossman

和 Krueger（1991）的实证研究发现，经济增长和环境污染之间存在倒 U 型关系，即在经济发展的初期，经济增长带来环境质量的恶化，但随着经济的持续发展并超过某一临界值，环境质量将逐渐得到改善。进一步地，他们将经济增长对环境污染的总效应分解为三种机制，即规模效应、技术效应和结构效应，规模效应是指随着经济的发展以及生产规模的扩大，污染排放逐渐增加；技术效应是指随着经济发展，生产技术和减排技术不断进步，环境质量得到改善；结构效应是指产业结构升级使以高污染的工业为主的产业结构逐步演变为以低污染的第三产业为主的产业结构，环境质量得到改善，当经济发展水平较低时，规模效应的负向环境影响占据主导地位；当经济发展水平较高时，技术效应和结构效应的正向影响逐渐超过前者，因此，经济增长和环境污染之间呈现出倒 U 型关系。Panayotou（1993）将这一倒 U 型关系界定为环境库兹涅茨曲线，即著名的 EKC 曲线。此后一些实证研究也证实了 EKC 曲线的存在，如 Selden 和 Song（1994）、Cole 等（1997）。

随着研究的深入，部分学者开始对经济增长和环境污染的倒 U 型关系提出质疑，他们的研究发现，经济增长和环境污染还可能是其他类型的关系：①正相关关系，Roca 等（2001）基于西班牙六种大气污染物数据的实证研究发现，只有 SO_2排放和经济增长之间存在倒 U 型关系，其他几种污染物均不存在，经济发展并不能自发的解决污染问题，只有当环境污染切实影响到人类生存与发展时人类才会有意识保护环境。②N 型关系，Akpan 和 Abang（2014）基于 1970 ~ 2008 年跨国面板数据的实证研究发现，经济增长和环境污染之间更接近 N 型关系，即在中等收入阶段经济增长能降低环境污染，但在高收入阶段又会增加环境污染。此外，还可能有正 U 型关系、负相关关系等，这与具体污染物指标和计量方法的选择有关。因此，我们认为，EKC 假说的主要贡献是为随后的研究提供一个基本分析框架。

国内学者对经济增长和环境污染关系的研究主要是基于 EKC 分析框架进行实证分析。由于我国环境污染主要源于工业快速扩张，因此，国内的研究主要采用工业污染物。但由于具体污染物指标、研究样本和计量方法的不同得到的结果也存在差异。例如，包群、彭水军（2006）采用 1996 ~ 2000 年 30 个省份的面板数据、工业废水和工业 SO_2等六类污染指标以及联立方程模型考察了我国地区层面上经济增长和环境污染的双向作用机制，结果发现，除了工业 COD 以外，其余各污染指标和人均 GDP 之间均呈现倒 U 型曲线关系。我国各省份均位于倒 U 型曲线的左侧，即经济增长促进污染排放，且距离临界值还有很大距离，得到相似结论的还有蔡昉等（2008）、曾望军（2016）。但其他学者的研究得到了不同的结论，例如，王敏、黄滢（2015）利用 2003 ~ 2010 年地级市面板数据考察了经济增长对 PM10、SO_2和 NO_2等大气主要污染物的影响，发现人均收入和这三种

污染物之间均呈现正U型关系，考虑技术进步等因素后仍然没有发现传统EKC曲线的存在，这表明经济增长和城市环境污染之间并不必然存在正相关关系，此外，他们发现同一污染物不同指标的回归结果也不相同，表明在分析经济增长和环境污染问题时，一定要明确指出使用的是何种指标。姚尧等（2017）基于地级市NO_2数据的研究也得出了正U型曲线的结论。贺俊等（2016）基于两部门内生增长模型的理论研究和省际面板数据的实证研究发现，经济增长和工业二氧化硫排放之间并非倒U型关系，而是正相关关系，且财政分权度的提高有利于减轻经济增长的环境负向影响。李静、窦可惠（2016）的实证研究表明，经济在加速增长阶段不仅不会造成环境质量恶化，反而能改善环境质量，这与以往对经济增长和环境污染关系的研究结论均不一致。他们从地方政府机制转变的视角出发，发现经济加速增长通过提高政府治理水平、降低政府官员晋升的经济增长绩效压力和提高用于治污减排的财政税收收入三种机制在短期内减少环境污染。刘华军、裴延峰（2017）基于160个地级市的PM2.5和PM10等雾霾数据的研究得到了相同的结论，在加入经济规模等控制变量后，经济增长和雾霾污染之间呈负相关关系，我国的雾霾治理已初见成效。李春梅（2017）利用北京数据的实证分析发现，经济增长和不同空气污染物的关系不同，如果环境污染使用流量指标，那经济增长和二氧化硫排放指标呈倒U型关系，和烟尘、粉尘排放量呈N型关系；如果使用存量指标，经济增长与二氧化硫浓度值的关系不确定，与二氧化氮、可吸入微粒、一氧化碳浓度等指标呈正U型关系。

二、收入不平等与环境污染

收入不平等对环境污染影响的研究主要分为三种观点：

第一种观点认为，收入不平等会增加环境污染，多数学者支持这一观点。Boyce（1994）开创性的理论研究发现，收入差距通过两种机制增加污染排放：其一，收入差距会影响人们的环境需求函数，在给定居民平均收入水平下，收入差距扩大意味着富人更富、穷人更穷，这将降低穷人的环境需求，并倾向于过度利用资源和环境，虽然富人的环境需求上升，但他们更愿意直接将资产转移至环境质量更高的地区，而非投资以改善本地区环境质量；其二，由于环境质量恶化的成本主要由穷人承担，收益则主要归属于富人。而相较于穷人，富人往往拥有更多的政治资源和社会影响力，他们为了自身利益最大化会阻碍环境保护政策的制定与实施，这使环境质量进一步恶化。Torras和Boyce（1998）的实证分析结果支持了上述理论研究结论，发现收入差距的缩小有利于改善环境。Vona和Patriarca（2011）通过构建动态模型对收入不平等和环保技术创新之间的关系进行了研究，发现不平等和环保技术创新之间存在非线性关系，较高的居民收入差距不利于环保技术发展。在国内学者中，李海鹏、叶慧和张俊飚（2006）利用我国 1986～2002 年二氧化碳排放总量数据进行实证研究发现，居民收入差距的扩大会促进二氧化碳排放，且收入差距越大这种促进作用越强；收入不平等会加重经济增长带来的环境污染，或弱化产业结构升级的减排功能。张乐才、刘尚希（2015）的研究表明，收入差距会直接促进污染排放，其原因在于穷人对低环境质量有较高的容忍度、以经济发展为主要目标的政府往往忽视污染。还会通过规模效应和结构效应等机制间接加剧环境污染，其主要原因是我国处于经济发展的初级阶段。

第二种观点认为，收入不平等有助于减少环境污染。环境质量是公共产品而非私人产品，因此，收入差距影响个人环境需求函数的论点不成立，也没有任何阶层可以通过其他手段来避免环境恶化的后果，而高收入居民往往具有更强的环保意识，因此，收入差距的扩大不仅不会恶化环境质量，还有可能减少污染排放（Scruggs，1998）。Ravallion 等（2000）认为，收入不平等将使高收入居民和低收入居民同时降低污染排放，进而有利于环境质量的改善。

第三种观点认为，收入不平等对环境污染的影响并不确定，具体影响方向取决于其他因素。Eriksson 和 Persson（2003）研究发现，收入不平等对环境污染的影响取决于民主程度，当民主程度较低时，收入不平等有助于环境质量的改善；当民主程度较高时，收入不平等会加剧环境质量恶化。李子豪（2017）分别利用 29 个省份和 215 个地市级的面板数据发现，收入不平等对环境污染具有门限效应，即当居民收入水平较低时，收入差距的扩大有利于环境质量的改善；当居民收入水平较高时，收入差距的扩大会促进污染排放，其原因在于不同收入水平下居民环境需求变化带来的污染差异。而且收入不平等对环境污染的收入门限效应主要通过城乡之间收入不平等和农村居民内部收入不平等产生，其原因在于城乡和农村居民收入差距的扩大改变了农村居民环境需求函数，有利于高污染企业从城市向乡村转移。

由于我国城乡间居民收入差距是总居民收入差距的重要来源，因此，我国学者还对城乡收入差距和环境污染关系进行了研究。钟茂初、赵志勇（2013）的研究表明，当城乡收入差距较大时，农村居民较低的收入水平、落后的环保教育和较弱的环境监管使人们更关注物质生活的改善，而忽视了环境保护，这导致农村地区的环境规制水平较低，成为城市污染物和高污染企业的承接地，例如，垃圾下乡。对已造成的环境污染伤害也缺乏索取赔偿的意识，导致农村地区污染排放总量上升。基于 2003～2010 年省际面板数据进行的静态和动态实证分析，验证了城乡收入差距对环境污染的正向影响。胡雷（2015）从我国城乡二元经济结构和经济发展阶段出发，分析了城乡收入差距与二氧化碳排放的关系，认为我国尚

处于工业化的初级阶段，产业结构多为污染密集型和劳动密集型，因此，城乡收入差距扩大与二氧化碳排放上升在时间上具有同步性。从因果关系上来看，城乡收入差距扩大通过抑制能源利用效率的提高使二氧化碳排放增加。孙华臣、孙丰凯（2016）的理论分析表明，城市的产业结构以工业为主，农村则以农业为主，而环境污染主要来源于工业企业。长期以来，我国优先发展工业的战略以及工业产品和农业产品的价格差不仅导致城乡居民收入差距扩大化，也使二氧化碳排放日益严重。此外，城乡分割下的居民消费也存在差异，农村居民由于收入低，家庭消费以食品和服装类为主，这类产品的生产不会产生多少二氧化碳；而城镇居民的消费品，例如，汽车等则会产生大量二氧化碳，因此，城乡收入差距越大，二氧化碳排放越多。实证分析表明，城乡收入差距指标无论是采用泰尔指数还是采用城乡居民收入比，计量方法无论是采用固定效应模型、工具变量法还是采用分位数法，我国各地区的城乡收入差距的扩大都会促进碳排放。

三、隐性经济与环境污染

现有学者对隐性经济和环境污染关系进行了大量研究，多数文献认为，隐性经济不利于环境质量。Chaudhuri 和 Mukhopadhyay（2006）研究了环境规制对隐性经济部门的有效性，主要观点是环境规制的趋严会导致企业将更多的正式生产活动转入隐性活动，政府如果不对隐性经济部门加以限制，环境规制的政策效果就会大打折扣。Baksi 和 Bose（2010）构建理论模型分析了存在隐性经济时的环境规制效果问题，发现环境规制水平的提高通过“结构效应”迫使正规部门经济生产活动转移至隐性经济部门，因而增加了污染排放。Elgin 和 Mazhar（2013）研究发现，政府规制名义水平、环境规制的实施力度和制度质量是环境污染的重要影响因素，隐性经济通过弱化环境规制的实施力度增加了环境污染，此外，环境规制名义水平的增加不一定能够减少污染，因为这将使更多的正式部门经济转入隐性经济，只有在确保政策实施力度的前提下才能减少污染。也有些案例和国别实证研究证实了隐性经济对环境质量确实有显著负向影响，例如，Blackman 和 Bannister（1998）及 Blackman（2000）分析了墨西哥传统制砖厂采用丙烷的情形。Lahiri - Dutt（2004）分析了亚洲的隐性采矿业，Biller（1994）描述了巴西黄金非法开采的环境后果。在我国学者中，余长林和高宏建（2015）基于 MIMIC 法对我国各地区隐性经济规模进行了测算，并利用 1998 ~ 2012 年我国省际层面数据对隐性经济、环境规制及其交互作用对环境污染的影响进行了理论和实证分析，发现环境规制水平的上升虽然可以减少污染排放，但是环境规制趋严扩大了隐性经济规模进而促进了污染排放。

有学者发现隐性经济和环境污染之间可能存在非线性关系，Elgin 和 Oztunali

（2014）首先利用1999～2009年152个国家的面板数据集进行实证研究发现隐性经济和环境污染之间存在倒U型关系，即当隐性经济规模较小时，隐性经济规模的增加会促进污染排放，跨过一定临界值后隐性经济规模的增加会减少污染排放。其次通过构建两部门动态一般均衡模型对这一关系的内在原因进行了剖析，发现隐性经济通过两种机制影响环境污染，即规模效应和放松管制效应，前者指的是相较于正式部门企业，隐性部门企业往往不是资本密集型，且生产规模较小，因而单个隐性部门企业造成的污染相对较小（较正式部门企业）。后者指隐性经济的本质特征之一就是无须遵守各类政府规制。显然隐性经济通过前者降低环境污染，通过后者增加环境污染，由于这两种机制的作用方向相反，因而使得隐性经济和环境污染之间最终呈倒U型关系。黄寿峰（2016）利用2001～2010年省际面板数据和动态半参数模型实证研究了环境规制和隐性经济对雾霾污染的影响，结果发现隐性经济规模与雾霾污染之间呈倒U型关系，与Elgin和Oztunali的研究结论一致。此外，本书发现环境规制的增强并不能显著降低雾霾污染，其与隐性经济和制度质量弱化的交互作用显著增加了雾霾污染。刘波（2015）基于我国2000～2012年30个省份面板数据的实证分析却得到了相反的结论，他发现我国隐性经济规模和环境污染之间存在U型关系，其原因在于隐性经济活动虽然可以规避各类政府规制的监督并造成环境污染，但同第一、第二产业相比，主要集中在服务业的隐形经济活动所造成的污染相对较低，这两种相反作用机制使得隐性经济和环境污染之间呈非线性关系。但从2008年开始我国已进入U型曲线的右侧，即隐性经济规模的扩大会增加环境污染。

此外还有学者认为，隐性经济不但不会增加环境污染，相反还会减少环境污染。闫海波、陈敬良、孟媛（2012）首先使用要素分配法计算了我国各省份隐性经济规模，发现我国隐性经济在城市中心和周边地区之间、经济发达地区和贫穷地区之间存在空间差异，采用2002～2010年省际面板数据和空间滞后模型、空间误差模型进行实证分析发现，隐性经济会减少环境污染，这与其他学者的研究结论相反，他们对这一结论的解释如下：第一，污染较高的项目需要的投资也较高，隐性经济主体往往没有足够的资本涉及这些项目；第二，我国对高污染企业的监管日趋严格，隐性经济部门的资金较难进入；第三，我国隐性经济部门主要集中在第三产业，同第二产业相比其造成的环境污染相对较小。

四、外商直接投资与环境污染

现有文献关于FDI对东道国环境质量的影响有三种观点：

第一种观点认为，污染天堂假说，即发达国家企业为规避本国日趋严格的环境规制并降低生产成本，将污染工厂以FDI形式转移至环境规制水平较低的发展

中国家，导致发展中国家环境质量迅速恶化。该假说最早由 Walter 和 Ugelow（1979）提出。Esty 和 Geradin（1997）从发展中国家和发达国家环境规制差异的角度解释了高污染产业通过 FDI 向发展中国家转移的机制：发展中国家经济发展水平和环境规制均较低，因此，位于环境规制较高国家的企业就具有比较劣势，为了降低服从环境规制所造成的成本，高污染企业主动转移到环境规制较低的发展中国家，从而造成污染天堂现象。Levinson 和 Taylor（2008）从全球价值链角度对污染天堂假说进行了解释，他们认为，在全球价值链分工体系下发展中国家位于其中的某一环节，发达国家资本利用分工协作将高污染产业转移至发展中国家，导致其环境质量恶化。Luisa 等（2013）利用 1980～2007 年 18 个拉丁美洲国家面板数据对 FDI 影响部门二氧化碳排放进行了实证研究，发现 FDI 显著增加了污染密集型产业的二氧化碳排放，但对其他产业的碳排放没有显著影响。Ren 等（2014）基于 2000～2010 中国产业面板数据和两步 GMM 法分析了国际贸易和 FDI 对环境污染的影响，发现国际贸易和 FDI 均会正向促进中国二氧化碳排放。国内学者对污染天堂现象也进行了大量研究。胡小娟、赵寒（2010）分析了 FDI 对我国 35 个工业行业污染排放的影响，发现外商直接投资总体上促进了我国工业行业污染排放，从细分来看，FDI 显著加剧了低污染密集型和高技术行业的污染排放，对高污染密集型和劳动密集型行业的污染排放不存在显著影响。郭沛、张曙霄（2012）的实证研究表明，我国 FDI 流入是碳排放增加的格兰杰原因，证实了我国是西方发达国家的污染天堂。曹翔、余升国、刘洪铎（2016）基于空间面板计量模型的实证分析发现，外资企业无论是劳动、资本投入的增加还是技术进步均会使二氧化碳排放增加，技术进步增加碳排放的内在逻辑是能源的回弹效应，但相较于内资企业，相同数量的投资和技术进步外资企业造成的碳排放更少一些，劳动投入则刚好相反。钟凯扬（2016）利用我国 1994～2013 年面板数据和 PVAR 模型分析了外商直接投资和环境污染的动态关系，发现 FDI 对环境污染的直接促进作用较小，主要通过扩大对外贸易生产规模间接促进环境污染。但有研究认为，污染天堂现象只存在于我国部分省份，杨子晖、田磊（2017）研究表明，FDI 流入和对外贸易增加了某些省份的污染排放，资本密集度的提升能够促进产业结构升级并弱化 FDI 对环境污染的影响。

第二种观点认为，FDI 流入不会恶化环境质量，相反有助于改善环境质量，其中最主要的是污染光环假说，该假说认为 FDI 拥有比发展中国家当地企业更先进、更清洁的生产技术和减排技术，当跨国企业的员工流动到内资企业时也会把先进的生产技术带过去；FDI 企业拥有先进的生产技术因而具有更强大的市场竞争力，这迫使内资企业增加研发投入或直接模仿 FDI 生产技术和管理方法，也即水平技术溢出效应（Liu et al.，2001；Buckley et al.，2002）；跨国企业可能只愿意从符合环境规制要求的内资企业处购买原材料和中间产品，与上下游企业的互动使 FDI 通过前向和后向垂直技术溢出效应提升当地整体技术水平，使其以更高效、更清洁的方式进行生产，因此 FDI 的引入有利于发展中国家环境质量的改善（Birdsall & Wheeler，1993）。Grey 和 Brank（2002）认为，发达国家 FDI 的流入为发展中国家企业提供了学习先进企业管理经验的机会，推动发展中国家企业采用更严格的环境管理标准。Albornoz 等（2009）指出，虽然跨国公司向发展中国家企业转移的多是发达国家已经淘汰或落后的技术，但仍高于发展中国家企业的技术水平，因而有利于提高生产效率、降低污染排放。Al - Mulali 和 Tang（2013）利用 1980 ~2009 年海湾合作委员会国家数据对 FDI 和环境污染关系进行了研究，发现在短期 FDI 与二氧化碳排放之间没有显著关系，但在长期 FDI 流入有利于碳减排。Huang 等（2016）基于空间杜宾模型研究发现进入我国的 FDI 对经济发展和环境质量都有正面影响，且来源于港澳台地区的民族关联 FDI 相较于其他来源 FDI 对环境质量的改善作用更显著。

国内学者也对污染光环假说进行了大量实证验证。FDI 的水平技术溢出。陈媛媛和李坤望（2010）将与环境有关的技术概括为生产技术和污染处理技术，FDI 通过水平技术溢出效应提高了污染处理技术，通过水平技术溢出和前向垂直技术溢出提高了生产技术。虽然通过后向垂直技术溢出对生产技术会产生负向影响，但这一关系在统计上并不显著。因为生产活动与生产技术直接相联系，而与污染处理技术不相联系，导致对生产技术的水平溢出作用大于污染处理技术，垂直技术溢出对污染处理技术影响不显著。李子豪、刘辉煌（2011）利用我国 1999 ~2008 年数据的实证分析表明，FDI 水平技术溢出有利于降低我国工业行业碳排放，进一步将 FDI 水平技术溢出分为示范效应、竞争效应和人员流动效应，发现人员流动效应的减排作用大于其他两种机制。对细分行业的研究发现，FDI 水平技术溢出效应仅对碳排放较低的工业行业有显著作用。贺培、刘叶（2016）利用我国 281 个地级市面板数据的研究发现，FDI 通过清洁生产技术和先进管理理念溢出、促进使用清洁生产要素的加工贸易发展等机制对我国污染排放，尤其是工业二氧化硫排放具有显著的抑制作用，且该减排作用在东西部地区较中部地区更显著。郑强等（2017）的实证研究也得出了相似的研究结论。

第三种观点认为，FDI 对环境污染存在一个复杂的影响机制，即 FDI 通过规模效应、结构效应和技术效应等机制影响环境质量，这几种机制的总效应就是 FDI 对环境质量的最终影响，但不同研究对这几种机制的作用方向与最终影响存在争议。Jie He（2006）建立联立方程模型进行实证研究发现，外商直接投资通过规模效应和结构效应增加环境污染，通过技术效应降低环境污染，总体上外商直接投资增加 1% 导致工业二氧化硫排放上升 0.1%，即对环境污染存在正向影

响。Hao 和 Liu（2014）分析了 FDI 和国际贸易对中国二氧化碳排放的影响，发现 FDI 通过技术溢出这一直接效应降低了碳排放，但是通过促进经济增长这一间接效应增加了碳排放，且直接效应强于间接效应，因此最终 FDI 有利于减少污染排放。Yan 和 An（2017）认为，FDI 通过生产规模效应增加环境污染，通过技术效应和规制效应减少环境污染。但利用中国各省份数据进行研究发现 FDI 对不同污染物的影响不同，与二氧化硫之间存在倒 U 型关系，与二氧化氮之间却存在 N 型关系。包群、陈媛媛、宋立刚（2010）分析了外国投资企业对环境质量的非线性关系，外商直接投资通过扩大经济生产规模增加了环境污染，当 FDI 集中于高污染产业时这一效应更为明显；通过提高居民收入水平和环保意识、增加政府污染资金规模降低环境污染，两者之间最终呈现出倒 U 型关系，且这一关系不受外资具体投资方向的影响。盛斌、吕越（2012）利用 2001～2009 年我国工业行业面板数据进行计量分析发现无论是总体上还是细分行业，正的技术溢出和模仿效应均大于负的规模效应和结构效应，因此 FDI 的流入有助于工业减排，污染天堂假说在我国并不成立。刘渝琳、郑效晨、王鹏（2015）利用空间滞后模型和空间误差模型分析了外商直接投资和工业污染之间的非线性关系，结果发现两者之间存在复杂的 N 型关系，即随着 FDI 的流入环境质量会经历恶化、好转、再恶化的三阶段演化过程，且我国目前已进入环境污染越治理越严重的恶性通道。

还有学者研究发现，外商直接投资和环境污染之间的关系取决于其他因素，例如，收入水平、人力资本、金融发展。李子豪、刘辉煌（2012）利用我国 220 个地级市面板数据和门限回归方法分析了 FDI 和环境污染的收入门槛效应和人力资本门槛效应，发现当收入水平较低或较高或人力资本水平较高时，FDI 有利于环境质量，因为此时内资企业可以充分吸收 FDI 的技术溢出；当收入水平中等或人力资本水平较低时，FDI 则不利于环境质量，从我国实际情况来看，FDI 对多数地级市环境造成负面影响。周超、刘夏（2017）利用 2003～2014 年省际面板数据分析了 FDI 和环境污染的金融发展门槛效应，当 FDI 流入地金融发展水平较低时，FDI 会加剧当地环境污染，因为企业缺乏发展资金将不利于对 FDI 先进技术的吸收；反之会减少环境污染。

第三节 制度质量与环境污染

通过前面的文献梳理可以发现，制度质量弱化对政府规制的破坏显著扩大了隐性经济规模，增加了部分居民灰色收入，进而扩大了收入不平等，而收入差距、隐性经济对环境污染也都有直接影响，因此，制度质量弱化可能与这些变量交互作用间接影响环境污染，此外制度质量弱化通过降低环境规制实施力度对环境污染存在直接影响。遗憾的是有关制度质量弱化和环境污染之间关系的研究不多。

一、制度质量对环境污染的直接作用

关于制度质量弱化对环境规制和环境污染的直接影响，Desai（1998）对东南亚发展中国家的案例研究发现，污染企业主通过向政府官员行贿以影响或推迟环保相关法律的制定，并降低已有环境规制的实施力度，使污染排放上升。Fredriksson 和 Svensson（2003）构建三阶段博弈模型考察了政局稳定、制度质量弱化对环境污染的影响。利用 63 个发达国家和发展中国家横截面数据的实证分析表明，制度质量弱化程度上升会显著降低环境规制强度，但当政局不稳定程度上升时，污染企业主的预期利润下降，导致对官员的行贿激励减弱，因而对环境规制的影响减弱。Pellegrini 和 Gerlagh（2006）利用 22 个欧洲国家面板数据进行实证研究发现制度质量弱化对环境规制存在负向影响，且它是欧洲各国环境规制差异的重要来源，甚至超过了各国经济水平差异的影响。Ivanova（2011）利用 1999～2003 年 39 个国家的面板数据研究发现，在制度质量弱化较为严重的国家污染企业往往少报污染排放数据以规避环境成本。Hubbard（1998）和 Oliva（2015）的实证研究也发现，制度质量弱化活动使汽车尾气排放控制政策的有效性下降。Lisciandra 和 Migliardo（2016）基于综合性的环境质量指标 EPI（“环境质量指数”）和面板 VAR 方法发现制度质量弱化总体上不利于环境质量。在国内学者中，李后建（2013）在 Fredriksson 和 Svensson（2003）研究的基础上构建了一个包含企业游说集团和主管人员的三阶段博弈理论分析模型，利用 1998～2010 年省际面板数据和动态回归模型的实证分析结果支持了理论模型结论，即制度质量弱化对环境规制实际执行力度有显著负向影响。

二、制度质量对环境污染的间接作用

关于制度质量弱化对环境污染的间接影响，主要集中在制度质量弱化与经济增长或外商直接投资交互作用对环境污染的影响。一些学者将制度质量弱化纳入经济增长和环境污染的 EKC 分析框架，例如，Lopez 和 Mitra（2000）构建 Stackberg 模型研究了制度质量弱化和经济增长对环境污染的影响，发现无论是制度质量弱化情形还是无制度质量弱化情形，经济增长和环境污染之间的倒 U 型关系都存在，但是在制度质量弱化情形，任意收入水平对应的污染排放均高于社会最优排放量，且 EKC 曲线拐点的收入水平高于无制度质量弱化情形，即制度质量弱

化会推迟 EKC 拐点的到来。Welsch（2004）研究发现，制度质量弱化通过直接效应和间接效应影响环境污染，其中直接效应是指制度质量弱化降低环境规制执行力度、促进环境污染；间接效应是指制度质量弱化通过影响人均收入水平进而影响环境污染。利用 122 个国家的横截面数据进行实证研究表明直接效应显著为负，间接效应则与人均收入水平相关。Cole（2007）利用 1987～2000 年 94 个国家面板数据和联立方程模型分析了制度质量弱化对空气污染的直接效应和间接效应，发现无论是二氧化硫还是二氧化碳，制度质量弱化对人均排放均有正向直接影响，但在绝大多数人均收入区间内间接效应为负且大于直接效应，最终结果是除了最富有的国家外，制度质量弱化有利于降低大气污染排放。Leitão（2010）利用跨国数据集发现，制度质量弱化程度与 EKC 曲线拐点的收入水平临界值正相关，制度质量弱化程度越高，政府的减排措施效果越差，也会推迟更严格环保法律的实施，因而环境污染越严重。在国内学者中，李子豪、刘辉煌（2013）借鉴国外学者的研究思路，利用 1993～2008 年中国 29 个省份面板数据和联立方程模型发现，制度质量弱化对我国环境污染具有正的直接影响和负的间接影响，总效应为正，且不同地区制度质量弱化对环境污染影响存在差异，对东部和中部地区环境质量的影响显著为负，但对中部地区的影响较小，对西部地区环境质量的影响不确定。晋盛武、吴娟（2014）利用 1995～2011 年数据的实证研究也得到了相似的结论。王佳、杨俊（2015）首先构建包括中央政府、地方政府和污染企业的动态三阶段非合作博弈模型分析了制度质量弱化对环境污染的影响，之后利用 1998～2012 年数据的实证研究发现，尽管制度质量弱化对环境污染具有正的直接效应，但间接效应先为负后为正，这缘于制度质量弱化和经济增长的非线性关系。总体效应显著为正。

还有学者考察了开放经济条件下制度质量弱化和外商直接投资（或国际贸易）对环境污染的影响。Smarzynska 和 Wei（2001）基于 1997 年跨国横截面数据发现，制度质量弱化降低东道国环境规制实施力度增加了环境污染，减少 FDI 流入数量降低了环境污染，但前者的作用大于后者，制度质量弱化总体上不利于环境质量改善。Cole 等（2006）利用 1982～1992 年跨国数据对制度质量弱化、FDI 和环境污染关系进行了研究，发现 FDI 造成东道国更多的环境污染，但这一影响还取决于东道国制度质量弱化程度，制度质量弱化程度越高 FDI 对环境的负面影响就越大。Rehman 等（2007）利用南亚国家数据分析了制度质量弱化、国际贸易对环境污染的影响，发现制度质量弱化对环境污染具有负向直接影响，但在统计上不显著，虽然对外贸易可以显著改善环境质量，但具体效果取决于制度质量弱化程度，制度质量弱化程度的上升会降低对外贸易的正面影响。在国内学者中，李子豪、刘辉煌（2013）分别利用省际面板数据和地级市横截面数据分析了制度质量弱化对环境污染的直接影响以及外商直接投资对环境污染的制度质量弱化门槛效应，发现制度质量弱化直接促进了地区污染排放；当地区制度质量弱化水平较低时，FDI 有利于减少污染排放；当制度质量弱化水平较高时，FDI 会恶化环境质量，其原因在于，当制度质量弱化水平较高时，FDI 会通过拉拢当地主管人员降低实际规制水平使污染排放增加，此外制度质量弱化水平较高将不利于 FDI 企业技术溢出以及本地企业的技术吸收。廖显春、夏恩龙（2015）认为，制度质量弱化水平上升导致地方政府主动降低环境规制、盲目招商引资，导致大量低质量 FDI 流入，加剧了本地区环境污染。阚大学、吕连菊（2015）分析了制度质量弱化、对外贸易和环境污染的关系，发现只有当制度质量弱化水平较低时对外贸易才能减少污染排放，否则将促进污染排放，且在我国三大地区中只有东部地区的对外贸易改善了环境质量。陈媛媛（2016）认为，制度质量弱化的存在会降低地区引资标准，使流入的低质量 FDI 数量增加。但如果制度质量弱化水平较低，引入的 FDI 平均技术水平仍高于内资企业，因而能够减少污染；如果制度质量弱化水平较高，引入的 FDI 平均技术水平甚至低于内资企业，那么将增加污染排放。

除了经济增长和外商直接投资之外，近些年国外学者还从其他方面研究了制度质量弱化对环境污染的间接作用机制，例如，Biswas 等（2012）发现，制度质量弱化加剧了隐性经济对环境污染的促进作用。Nasreen 等（2016）利用巴基斯坦的时间序列数据对制度质量弱化和收入不平等对环境污染的影响进行了研究，发现制度质量弱化和收入不平等的交互作用在长期不利于环境质量。

第四节　本章小结

通过上面的文献整理可以发现，国内外学者对制度质量弱化的宏观经济影响，以及经济发展对环境污染的影响均做了大量研究，并取得了丰富的研究成果，为将来进一步研究打下了坚实的基础。但现有研究还存在以下四点不足：

第一，学者从理论和实证角度对制度质量弱化影响经济增长、收入分配、外商直接投资、隐性经济等宏观现象做了大量研究，但对环境污染影响的研究则相对较少。在制度质量弱化政体中，污染企业通过贿赂权力机关影响环保相关法律的制定、延迟相关政策的出台，通过贿赂环保监察官员降低环保执法力度，以使用高污染生产技术并超额排放污染物，可见制度质量弱化对环境污染具有直接影响。虽然有部分学者从实证角度对制度质量弱化和环境污染关系进行了初步探

索，但缺乏一个完整、系统的理论分析框架。此外大多是利用跨国数据集进行考察，很少从一国内地区层面进行研究，由于不同的国家文化传统不同，对制度质量弱化的认知也存在差异，因此，基于跨国数据的研究结论可靠性不足，而基于地区层面数据的研究则可以避免这一问题。综上所述，有必要构建制度质量弱化影响环境污染的理论模型，并实证分析地区层面制度质量弱化和环境污染的关系。

第二，对于制度质量弱化水平的衡量，现有基于国家层面数据进行研究的文献主要使用"透明国际"（Transparency International）每年发布的"制度质量弱化感知指数"（CPI）和 PBS 公司（Political Risk Services Inc.）发布的 ICRG 指数（International Country Risk Guide Index），这类指数有两方面不足，一方面是这类指数来源于世界著名组织专家的评估和对国民以及跨国企业的调查，因而主观性较强，对制度质量弱化的衡量不够客观公正；另一方面是这类指数每年只发布国家层面的制度质量弱化水平，还未深入到一国地区层面。因此，有必要发掘一个能够衡量地区层面制度质量弱化水平的客观指标。

第三，在实证方法的选择上，已有文献主要利用传统面板回归模型分析制度质量弱化对环境污染的影响，很少采用空间面板计量方法。传统的面板回归方法认为，各地区的污染排放之间不会相互影响，但风向、水流等自然因素和各地区之间的经济联系导致地区环境质量存在空间相关性，即一个地区的环境质量会受到其他地区环境污染的影响，而地区制度质量弱化和环境政策的外部性进一步强化了环境质量的空间相关性。在实证过程中如果忽略了空间联动性，可能会得到有偏的估计结果（Anselin，1988）。因此，有必要采用空间面板计量方法对制度质量弱化的环境后果进行研究。

第四，现有文献主要考察了制度质量弱化分别和经济增长、外商直接投资（或对外贸易）交互作用对环境污染的影响。前文已提到，制度质量弱化对政府规制的破坏显著扩大了隐性经济规模，而隐性经济对环境污染有直接影响，因此，制度质量弱化也可能与隐性经济交互作用增加环境污染。但现有文献还未对这一潜在机制进行充分研究，为此，有必要将制度质量弱化、隐性经济和环境污染纳入理论分析框架，研究两者交互作用对环境污染的作用机理。

第三章　制度质量影响环境污染的机理分析

制度质量弱化是影响经济社会发展的重要障碍之一，世界上无论是发达国家还是发展中国家都存在或多或少的制度质量弱化问题。根据透明国际（Transparency International），制度质量弱化被定义为“为获取私人利益的公权力的滥用”。按定义，制度质量弱化可能侵害一个国家的社会、经济和政治等各个领域，其造成的影响也可能极为深远。改革开放以来，虽然我国在经济建设上取得了举世瞩目的成绩，但由此带来的制度质量弱化问题也是十分严重的。根据透明国际每年披露的“制度质量弱化感知指数”（Corruption Perception Index，CPI），近几年中国一直排名第80位，2014年更是降至第100名，属于制度质量弱化较为严重的国家。除了制度质量弱化以外，随着经济快速发展出现的另一个问题是环境状况迅速恶化，2015年我国工业废气排放量68.5万亿立方米，是2000年的近5倍，年均增长11%，甚至超过同期经济增长速度①。制度质量和高污染问题在经济发展过程中同时出现，这一现象不禁让人产生这样的疑问：制度质量和环境污染之间是否存在某些内在的联系？

从直观来看，制度质量和环境质量之间的关系很明确：中央政府级别的制度质量弱化会导致各种环境政策的搁浅、延迟出台或政策力度不及预期；地方政府制度质量弱化会影响环境政策在企业的具体执行情况，政策标准的下降会导致原来不能进行生产的高污染企业进入并组织生产，原来使用较清洁生产技术的企业为节约成本停用减排设备或改用较污染生产技术，进而导致污染排放增加。有大量国外文献从实证角度支持上述论断（Fredriksson & Svensson，2003；Welsch，2004；Cole，2007；Ivanova，2011；Hubbard，1998；Oliva，2012），但鲜有学者从理论角度探讨制度质量弱化影响环境污染的具体机制。此外，制度质量弱化对环境质量的负面影响在我国是否成立也缺乏深入的研究。为此，本章构建包含使

① 资料来源于《中国环境统计年鉴》（2016）和《中国统计年鉴》（2016）。

用污染生产技术并与官员合谋规避环境成本的生产企业、使用清洁生产技术的生产企业以及环保官员、政府检察机关的理论模型，从理论上探讨制度质量弱化影响环境规制和环境质量的内在机制。

第一节 基本模型

一、消费者需求

本节通过构建包含生产企业、环保官员和检察机关的动态博弈模型，分析制度质量弱化影响环境质量的理论机制。假设存在一个经济体，该经济体中消费者购买由垄断竞争企业提供的同质产品。k 表示消费者总人数，i 表示每个消费者。消费者面临是否购买该商品的抉择。消费者消费该产品获得的效用为u_i，该变量在区间［0，k］均匀分布，且密度函数是 $a(u_i)=\frac{1}{k}$。假设该产品的价格是 p，因此，每个消费者的剩余是：

$$s_i = u_i - p \tag{3-1}$$

消费者只有在消费者剩余大于等于0，即$s_i \geqslant 0$ 时才选择购买商品。结合式（3-1），可知购买和消费该商品的消费者在区间$u_i \in$［p，k］之内。因此，购买商品的消费者比例是：

$$\int_p^k a(u_i)d\,u_i = \frac{k-p}{k} \tag{3-2}$$

使用式（3-2）可得加总需求函数：

$$Q = \frac{k-p}{k} \times k = k - p \tag{3-3}$$

Q 表示产品总需求。加总需求函数是购买该商品的所有消费者的消费支出之和。总需求 Q 与产品价格 p 呈负相关，因为价格上升会使愿意购买该商品的消费者数量减少。使用式（3-3）可得需求函数的反函数是：

$$p = k - Q \tag{3-4}$$

在下面的分析中我们主要使用这一函数。

二、厂商行为

下面分析企业的生产行为。假设 n 表示市场中的企业总数，j 表示每个企业，生产并提供q_j单位产品。根据市场出清条件可得到 $Q=\sum_{j=1}^{n} q_j$。用式（3-4）

可得企业的利润v_j：

$$v_j=(k-\sum_{j=1}^{n}q_j)q_j-m\,q_j \tag{3-5}$$

其中，$m>0$ 是单位产品生产成本。由于本模型假设产品是同质的，因此，可把企业当作古诺竞争者来选择利润最大化下的产量：

$$\frac{\partial\ v_j}{\partial\ q_j}=0\Leftrightarrow k-\sum_{j=1}^{n}q_j-q_j^*-m=0 \tag{3-6}$$

结合市场出清条件 $Q=\sum_{j=1}^{n}q_j$和式（3－4）、式（3－6），可得均衡是对称的，即对于任意j有$q_j^*=q^*$。结合式（3－6）有：

$$q^*=\frac{k-m}{1+n} \tag{3-7}$$

由于 $Q=n\,q^*$，将式（3－7）代入式（3－4）得到：

$$p=\frac{k+nm}{1+n} \tag{3-8}$$

企业均衡利润为 $v=(p-m)\ q^*$，将式（3－7）和式（3－8）代入后可得：

$$v=\left(\frac{k-m}{1+n}\right)^2 \tag{3-9}$$

显然，市场中参与生产竞争的企业数量越多，单个企业的利润就越低，这是因为当生产企业数量增加时，产品总供给即 $n\,q^*$ 也增加，为了保证市场出清，产品价格必须下降，因此，单个企业的利润也降低。

第二节　制度质量、环境成本和环境污染

假设每个企业有两种生产技术可以选择，分别是污染技术和清洁技术。使用污染生产技术每单位产出会排放$\bar{e}>0$ 的污染物，该技术可以无偿使用，但是相关企业需要一次性缴纳 $t>0$ 的环境成本。使用清洁生产技术每单位产出排放$\underline{e}<\bar{e}$污染物，且使用该技术的企业无须缴纳环境成本 t，但需要承担c_j的技术使用成本。假设这一成本在企业之间均匀分布。特别地，c_j分布在区间［0，x］且概率密度函数为$f\ (c_j)\ =\frac{1}{x}$。

显然上文中的环境成本是一次总付形式，考虑到不同设定下理论模型结论的稳健性，在第四小节我们分析比例环境成本的情形。

政府在征收环境成本时需要由环保技术官员检查并确定各个企业所使用的实

际生产技术，根据检查结果决定是否征收环境成本。本书假设政府雇用 δ 名环保技术官员，且 $\delta < n$，每个环保官员的劳动报酬为 $\omega > 0$。所有企业都会面临环保官员的监管，因此，每个官员监管的企业数为 n/δ。

经济生产活动可用两阶段动态博弈来描述：第一阶段，潜在生产者决定是否进入该行业并参与市场竞争（假设进入该行业需要投入相应的固定成本 $\varphi > 0$）。第二阶段，每个企业选择生产技术并组织生产，选定后将接受环保官员的检查。假设环保官员可以准确核查企业所使用的技术，因此，企业不能误导官员对技术的判断。但是，企业和环保官员可以私下达成非法协议，向政府误报其实际所使用的技术。下文将扩展至两阶段不完全信息动态博弈情形。此外，本章所讨论的是单一国家的封闭经济情形，下文将具体讨论开放经济条件下制度质量对环境污染的影响。

我们假设企业清洁技术使用成本 c_j 上界很高，政府即使征收较高的环境成本也不可能使每个企业都采用清洁技术，因此，经济中采用两种生产技术的企业均存在。这一假设较符合现实情况，与此相对立的假设是政府征收极高环境成本以迫使所有企业只能采用清洁生产技术，这种以牺牲经济发展为代价的环保政策在现实中很难实施。

首先，考察已经进入该行业并组织生产的企业行为。在第二阶段，只要 $v - c_j \geqslant v - t \Leftrightarrow t \geqslant c_j$ 企业就会使用清洁生产技术。假设 $t < x$ 成立，只要：

$$c_j < t \tag{3-10}$$

则企业 j 就会使用清洁生产技术。结合式（3-10），清洁生产技术使用成本在区间 $c_j \in [0, t)$ 的企业就会选择清洁技术，其排放率为 $\underline{e}$；清洁生产技术使用成本在区间 $c_j \in [t, x]$ 的企业就会选择污染技术，其每单位产出排放 $\bar{e}$ 的污染物，并缴纳环境成本。

其次，分析在第一阶段考虑是否进入该行业组织生产的企业的选择。企业的预期利润是：

$$\pi_j = v - \int_0^t c_j f(c_j)\,d\,c_j - t\int_t^x f(c_j)\,d\,c_j = v - \frac{t^2}{2x} - \frac{t(x-t)}{x} = v - t + \frac{t^2}{2x} = v - \mu \equiv \pi \tag{3-11}$$

其中，

$$\mu = \frac{t(2x-t)}{2x} \tag{3-12}$$

当 $\pi \geqslant \varphi$ 时，企业愿意投入进入成本 φ 并组织生产。假设 $\frac{\partial\ \pi_j}{\partial\ n} = \frac{\partial\ v}{\partial\ n} < 0$，市场均衡时的企业数量将由零利润条件 $\pi = \varphi$ 决定。利用式（3-9）和式（3-11）可得均衡企业数量：

$$n^{*}=\frac{k-m}{\sqrt{\varphi+\mu}}-1 \tag{3-13}$$

式（3－13）给出了生产企业和环保官员之间不存在政企合谋行为时市场均衡下的企业数量。但是拥有环保检查权的官员很有可能出现道德风险问题，具体可分为市场准入时的制度质量和进入后监管过程中的制度质量。

一、市场准入环节制度质量对环境污染的影响

制度质量对环境污染的影响既涉及环保部门制度质量，也包括与环保部门相关的其他政府部门如招商引资部门、税务部门的制度质量，环保部门制度质量弱化又可进一步分为市场准入环节制度质量弱化和监管环节制度质量弱化。不同部门和不同环节制度质量与环境污染的关系可用图3－1来表述。

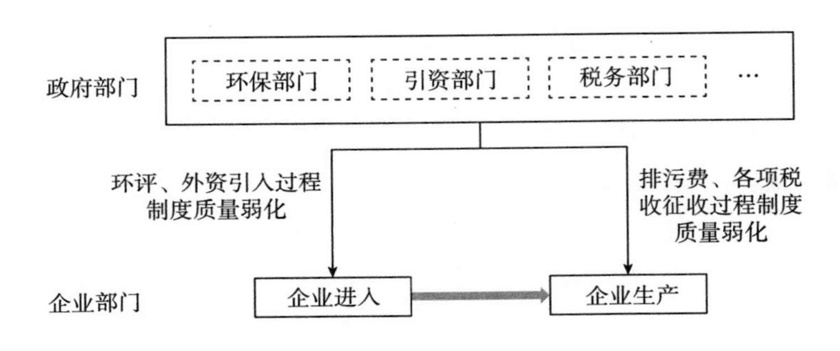

图3－1　不同部门和不同环节制度质量与环境污染

企业在市场准入环节可能面临环保制度质量弱化问题，包括建设项目的环境影响评价（以下简称“环评”）、审批及验收环节。低污染企业由于符合环境标准因而能够顺利通过“环评”，而对于不符合环境标准的高污染企业，只有通过向环保官员行贿才能通过项目“环评”进而进入行业组织生产，假设贿赂金额为β。下面分析市场准入过程的制度质量行为对环境污染的影响。

按照上文的假设，显然清洁生产技术使用成本在区间$c_j\in[0, t)$的企业会选择清洁生产技术，且在不行贿环保官员的情况下就能通过“环评”；清洁生产技术使用成本在区间$c_j\in[t, x]$的企业就会选择污染技术，按照名义环境标准不能通过“环评”，但通过向环保官员行贿就可通过“环评”并组织生产。显然当市场准入环节无制度质量时，市场中只有符合环境标准的低污染企业，不会存在高污染企业；当市场准入环节存在制度质量时，市场中既有低污染企业又有高污染企业。

相应地，当市场准入环节无制度质量时，企业的预期利润是：

$$\pi_j = v - \int_0^t c_j f(c_j)\,d\,c_j = v - \frac{t^2}{2x} \tag{3-14}$$

前文假设存在进入成本 φ，因此，只有当$\pi \geqslant \varphi$ 时，企业才能组织生产。假设$\frac{\partial\ \pi_j}{\partial\ n} = \frac{\partial\ v}{\partial\ n} < 0$，市场均衡时的企业数量将由零利润条件$\pi = \varphi$ 决定，因此，可得均衡企业数量：

$$n' = \frac{k-m}{\sqrt{\varphi + \frac{t^2}{2x}}} - 1 \tag{3-15}$$

式（3－15）给出了市场准入环节无制度质量时市场均衡下的企业数量，式（3－15）与式（3－13）是存在差异的，式（3－13）是当无环境标准时高污染企业和低污染企业均能自由进入市场时的均衡企业数量，而式（3－15）是当有环境标准且无制度质量时的均衡企业数量，且此时市场中只有符合环境标准的低污染企业。

当市场准入环节存在制度质量时，符合环境标准的低污染企业数量不受影响，仍为 n'。但不符合标准的高污染企业借机进入并组织生产，高污染企业的预期利润是：

$$\pi_j = v - t\int_t^x [f(c_j) + \beta]\,d\,c_j = v - \frac{\beta t(x-t)}{x} \tag{3-16}$$

企业数量仍由零利润条件$\pi = \varphi$ 决定，因此，可得市场中高污染企业数量：

$$n = \frac{k-m}{\sqrt{\varphi + \frac{\beta t(x-t)}{x}}} - 1 \tag{3-17}$$

均衡时市场企业数量为：

$$n'' = n' + n = \frac{k-m}{\sqrt{\varphi + \frac{t^2}{2x}}} + \frac{k-m}{\sqrt{\varphi + \frac{\beta t(x-t)}{x}}} - 2 \tag{3-18}$$

比较式（3－18）和式（3－15）可以得到：

引理 1：当市场准入环节存在制度质量弱化行为时，从事生产的企业数量比无制度质量弱化情形更多，即 $n'' > n'$。

证明：结合式（3－18）和式（3－15）可得 $n'' - n' = \frac{k-m}{\sqrt{\varphi + \frac{t^2}{2x}}} + \frac{k-m}{\sqrt{\varphi + \frac{\beta t(x-t)}{x}}} - 2 - \frac{k-m}{\sqrt{\varphi + \frac{t^2}{2x}}} - 1 = \frac{k-m}{\sqrt{\varphi + \frac{\beta t(x-t)}{x}}} - 1 > 0$，因此得证。

引理 1 表明，当市场准入环节存在制度质量时市场均衡企业数量高于无制度质量弱化情形，这是因为市场准入环节的制度质量弱化为原本不能进入的高污染企业提供了进入市场组织生产的机会，而低污染企业数量不变，因此，能够进行生产的企业总数量增加，进而社会总产出增加。

市场准入环节的制度质量行为还可能会对使用污染生产技术的企业份额产生影响。用 θ 表示选择污染技术进行生产的企业占全部企业的比例，那么 $1-\theta$ 就是选择清洁生产技术的企业比例。首先，分析市场准入环节无制度质量弱化的情形，显然此时市场上的企业全都是选择清洁生产技术的低污染企业，因此，$\theta'=0$，$1-\theta'=1$；其次，分析市场准入环节存在制度质量的情形。结合式（3－17）和式(3－18)可得：

$$\theta''=\frac{n}{n''}=\frac{\dfrac{k-m}{\sqrt{\varphi+\dfrac{\beta t(x-t)}{x}}}-1}{\dfrac{k-m}{\sqrt{\varphi+\dfrac{t^2}{2x}}}+\dfrac{k-m}{\sqrt{\varphi+\dfrac{\beta t(x-t)}{x}}}-2} \tag{3－19}$$

$$1-\theta''=\frac{n'}{n''}=\frac{\dfrac{k-m}{\sqrt{\varphi+\dfrac{t^2}{2x}}}}{\dfrac{k-m}{\sqrt{\varphi+\dfrac{t^2}{2x}}}+\dfrac{k-m}{\sqrt{\varphi+\dfrac{\beta t(x-t)}{x}}}-2} \tag{3－20}$$

对比 θ'和式（3－19）中的 θ''可得：

引理2：市场准入环节制度质量弱化行为增加了行业中使用污染技术进行生产的企业比例，即 $\theta''>\theta'$。

现在可以分析市场准入环节制度质量弱化对污染排放的总影响，用 S 表示污染排放总量。按照前面的假设有：

$$S=\theta nq\bar{e}+(1-\theta)nq\underline{e}=\underbrace{Q}_{\text{社会总产出}}\times\underbrace{[\theta\bar{e}+(1-\theta)\underline{e}]}_{\text{平均污染率}} \tag{3－21}$$

从式（3－21）可知市场准入环节制度质量弱化通过两种机制导致污染排放增加。第一，它使采用污染生产技术的企业顺利进入市场组织生产，使均衡社会总产出增加；第二，高污染企业的进入使社会平均污染率上升，结合式（3－21）可知污染总排放增加。

二、监管环节制度质量对环境污染的影响

当企业进入并组织生产后，在生产过程中将产生污染排放，按照环境规制要

求需要缴纳排污费。本书假设采用清洁生产技术的低污染企业无须缴纳排污费，只有采用污染生产技术的高污染企业需要一次性缴纳 t 的排污费，但高污染企业在具体生产过程中通过拉拢主管人员可以避免缴纳或少缴纳环境费用。假设监管过程中被拉拢的主管人员与高污染企业共谋向政府蓄意误报实际生产技术，使其无须支付环境成本。企业拉拢的费用为 $b>0$，随后企业在使用污染技术进行实际生产时将不用支付环境成本 t。而被拉拢的主管人员将使用污染生产技术的企业登记为采用清洁技术。当然这一政企合谋行为有可能被检察机关查处。如果检察机关发现企业蓄意误报实际生产技术，将处罚当事企业全额补缴环境成本。

下面分析在监管过程中与官员合谋蓄意误报实际生产技术的企业行为。用 $\sigma \in (0, 1)$ 表示检察机关查处监管过程中企业和官员合谋行为的概率，则企业的预期利润是：

$$v-(b+\sigma t) \tag{3-22}$$

即企业利润减去拉拢费用和预期罚金。当然，如果企业在进入市场后采取清洁生产技术，就不需要拉拢相关主管人员，因此，预期利润为 $v-c_j$。综合以上，可得：

$$c_j < b+\sigma t \equiv \hat{c} \tag{3-23}$$

此时，企业 j 就将采取清洁生产技术。结合式（3－23），当企业采取清洁生产技术的成本在 $c_j \in [0, \hat{c})$ 时会选择清洁技术，在 $c_j \in [\hat{c}, x]$ 时就会选择污染生产技术，并拉拢相关主管人员以规避对应的环境成本。在监管过程中与相关主管人员合谋蓄意误报实际生产技术的企业数量是：

$$n\int_{\hat{c}}^{x} f(c_j)\,d\,c_j = n\,\frac{x-\hat{c}}{x} = n\,\frac{x-(b+\sigma t)}{x} \tag{3-24}$$

从式（3－24）可得，在进入市场后监管过程中拉拢相关主管人员的费用越高，愿意与相关主管人员合谋并蓄意误报实际生产技术的企业就越少。这是因为拉拢费用越高，选择污染技术并拉拢相关主管人员的企业预期利润越低，结果更多的企业采用清洁技术进行生产。

现在分析在监管过程中被拉拢并误报企业实际生产技术信息的相关主管人员行为。除了政府支付的薪水 ω 之外，相关主管人员也可能被使用污染生产技术并意图规避环境成本的企业拉拢。由于每个主管人员监管 n/δ 个企业，结合前面的分析和讨论，单个企业愿意采取拉拢行动的概率是 $\int_{\hat{c}}^{x} f(c_j)\,d\,c_j = \frac{x-(b+\sigma t)}{x}$。另外，由于检察机关查处政企合谋行为的概率是 σ，被查处后相关主管人员将遭到解雇且被没收所有相关所得。在这种情况下，相关主管人员的预期效用 λ^c 是：

$$\lambda^c(b;\ n) = (1-\sigma)\left[\omega + \frac{x-(b+\sigma t)}{x}\quad \frac{n}{\delta}b\right] \tag{3-25}$$

一般情况下相关主管人员接受拉拢费用以最大化其预期效用。但在监管过程中相关人员接受的金额 b 并非越高越好，因为相关人员的效用还取决于潜在拉拢企业数 n。虽然接受的金额上升会直接增加非法所得，但也会减少采取污染技术并愿意拉拢的企业数量，因此，存在最优接受金额。此外，在监管过程中一个官员的最大可能接受金额是 $(1-\sigma)t$，因为任何高于这个金额的行为都将使采用污染生产技术的企业不再拉拢相关人员，而是如实汇报生产技术并支付环境成本。

用 b^* 表示在监管过程中的最优拉拢费用。对式（3－25）相对于 b 求一阶偏导，即 $\frac{\partial \lambda^c(b;n)}{\partial b}=0$ 可得 b^*：

$$b^*=\frac{x-\sigma t}{2} \tag{3-26}$$

再结合上面的分析可得到监管过程中官员的最优接受金额为 $\min(b^*, (1-\sigma)t)$。为了确保接受金额只有唯一的取值，我们做出如下假设：

引理 3：假设 $\frac{x}{2-\sigma}<t<x$ 成立。那么官员的最优接受金额就是 b^*。

证明：结合式（3－26）和引理 3 中的假设，可得 $b^*<(1-\sigma)t$。

现对式（3－26）做进一步的讨论。第一，在监管过程中最优拉拢费用随着清洁技术使用成本 c_j 分布上界 x 的上升而增加，这是因为 x 的上升使实际生产时选择污染技术并行贿的企业数量上升；第二，在监管过程中最优拉拢费用随环境成本的增加而递减。虽然这一结论有违现实情形，但在本书中是成立的。从生产企业的角度来看，由于政企合谋行为被检察机关查处的企业必须要补缴全部环境成本，因此，环境成本上升会增加企业与官员合谋行为的预期成本，降低企业与官员共谋的激励，因而环保官员可得到的金额就会减少。

把式（3－26）代入式（3－25）可得到官员的预期效用：

$$\lambda^c(n)=(1-\sigma)\left[\omega+\frac{(x-\sigma t)^2}{4x} \quad \frac{n}{\delta}\right] \tag{3-27}$$

假设不愿接受拉拢的相关人员效用为 λ^H，那么有：

$$\lambda^H=\omega \tag{3-28}$$

即不愿意接受企业拉拢的人员收入只有政府提供的薪酬。当然官员也要面临诚实守信秉公执法或是利用公权力收取费用以增加收入的选择，其最终决定取决于式（3－27）和式（3－28）效用值的比较：

引理 4：存在一个临界值 $\hat{n}$ 使：

（1）当 $n<\hat{n}$ 时没有相关主管人员接受拉拢；

（2）当 $n>\hat{n}$ 时所有相关主管人员都接受拉拢。

证明：令$\lambda^c(n)=\lambda^H$，可得$\hat{n}$：

$$\hat{n}=\frac{4x\sigma\omega\delta}{(x-\sigma t)^2(1-\sigma)} \tag{3-29}$$

假设$4x\sigma\omega\delta>(x-\sigma t)^2(1-\sigma)$以保证$\hat{n}>1$。从式（3－20）和式（3－21）可分别得到$\frac{\partial\lambda^c(n)}{\partial n}>0$和$\frac{\partial\lambda^H}{\partial n}=0$，因此，引理4得证。

从引理4可知，在所有因素中，参与生产的企业数是监管过程中官员选择接受企业费用或秉公执法的重要决定因素。这是因为竞争企业越多，进入市场后监管过程中潜在拉拢主管人员的企业就越多，因此，环保官员选择与企业合谋并接受费用所获得的效用也相对更高。

当监管环节不存在制度质量弱化时，在第一阶段决定进入该行业并组织生产的企业的预期利润是：

$$\pi_j=v-\int_0^{\hat{c}}c_jf(c_j)d\,c_j-(b+\sigma t)\int_{\hat{c}}^{x}f(c_j)d\,c_j=v-\frac{\hat{c}^2}{2x}-\frac{(b+\sigma t)(x-\hat{c})}{x} \tag{3-30}$$

把式（3－23）代入式（3－30）可得：

$$\pi_j=v+\frac{(b+\sigma t)^2}{2x}-(b+\sigma t) \tag{3-31}$$

把式（3－26）代入式（3－30）可得：

$$\pi_j=v-\frac{x+\sigma t}{2}+\frac{(x+\sigma t)^2}{8x}=v-\frac{(x+\sigma t)(3x-\sigma t)}{8x}=v-\gamma\equiv\pi \tag{3-32}$$

其中，

$$\gamma=\frac{(x+\sigma t)(3x-\sigma t)}{8x} \tag{3-33}$$

当存在制度质量弱化时，结合上面分析，只要$\pi\geqslant\varphi$，即无制度质量弱化情形企业的净利润高于企业进入固定成本时，企业就有组织生产的动力，而且市场均衡时的企业数量由$\pi=\varphi$决定。使用式（3－9）和式（3－33），可得均衡时企业数量为：

$$n^{**}=\frac{k-m}{\sqrt{\varphi+\gamma}}-1 \tag{3-34}$$

式（3－34）的结论与式（3－13）类似，区别在于前者还受监管过程制度质量弱化行为的影响。两种情形相比较可得到：

引理5：当准入后监管过程存在制度质量弱化行为时，从事生产的企业数量比无制度质量弱化情形更多，即$n^{**}>n^{*}$。

证明：由式（3－13）、式（3－34）可得只有当$\gamma<\mu$时$n^{**}>n^{*}$成立，结合式（3－12）和式（3－33），只需$\frac{(x+\sigma t)(3x-\sigma t)}{8x}\leqslant\frac{t(2x-t)}{2x}$，即

$$3x^2-2xt(4-\sigma)+t^2(4-\sigma^2)=L(t)\leqslant 0 \tag{3-35}$$

成立即可。对式（3－35）求一阶和二阶导数可得 $L'(t)=-2x(4-\sigma)+2t(4-\sigma^2)$ 且 $L''(t)=2(4-\sigma^2)>0$。由引理3有 $t\in\left(\frac{x}{2-\sigma},x\right)$，虽然 $L(t)$ 一阶导数符号不确定，但二阶导数为正表明在边界处取得最大值，分别把 $t=\frac{x}{2-\sigma}$ 和 $t=x$ 代入 $L(t)$ 可得：

$$L\left(\frac{x}{2-\sigma}\right)=0 \tag{3-36}$$

$$L(x)<0 \tag{3-37}$$

因此，$L(t)$ 严格为负。

式（3－11）、式（3－30）和引理5共同表明相较于无制度质量弱化情形，当市场准入过程和准入后监管过程存在制度质量弱化行为时，部分原来使用清洁生产技术的企业将转而使用污染生产技术，且使用污染生产技术的企业全都会选择拉拢主管人员以降低总成本。换言之，政企合谋降低了潜在进入企业的预期生产成本，结果预期利润 π_j 增加，促使更多潜在企业进入并组织生产，导致社会总产出上升，社会污染总排放增加。

综合引理4和引理5的分析可知：

（1）当 $n^{**}<\hat{n}$ 时，没有环保官员接受费用且均衡企业数量是 n^*；

（2）当 $n^*>\hat{n}$ 时，所有环保官员都接受费用且均衡企业数量是 n^{**}。

上述结论表明，如果经济中生产企业数量较少，环保官员将拒绝企业拉拢，潜在进入企业如果选择使用污染生产技术将必须缴纳环境成本。但是，如果经济中生产企业数量足够多，以个人效用最大化为目标的环保官员将愿意接受费用，部分本应使用清洁生产技术的企业转而使用污染技术，采用污染生产技术的企业将拉拢相关人员以规避环境成本，结果是潜在进入者的预期利润增加，将激励更多企业组织生产。

上文的分析表明监管过程制度质量弱化行为还可能会对使用污染生产技术的企业份额产生影响。用 θ 表示选择污染技术进行生产的企业占全部企业的比例，那么 $1-\theta$ 就是选择清洁生产技术的企业比例。首先，分析没有制度质量弱化的情形，使用式（3－10）可得：

$$\theta^*=\int_t^x f(c_j)\,d\,c_j=\frac{x-t}{x},\ 1-\theta^*=\int_0^t f(c_j)\,d\,c_j=\frac{t}{x} \tag{3-38}$$

使用式（3－23）和式（3－26），可得到有制度质量弱化情形下的对应比例：

$$\theta^{**}=\int_{\hat{c}}^x f(c_j)\,d\,c_j=\frac{x-\sigma t}{2x},\ 1-\theta^{**}=\int_0^{\hat{c}} f(c_j)\,d\,c_j=\frac{x+\sigma t}{2x} \tag{3-39}$$

对比式（3－38）和式（3－39），并结合引理3，可得：

引理6：监管过程制度质量弱化行为增加了行业中使用污染技术进行生产的企业比例，即$\theta^{**}>\theta^{*}$。

其次，可以分析监管过程制度质量弱化对污染排放的总影响，结合市场准入环节制度质量弱化情形的污染总排放表达式（3－21）可知，监管过程制度质量弱化也是通过两种不同的机制导致污染排放增加。第一，它为使用污染生产技术的企业提供了规避环境成本的可能，降低了潜在进入企业预期生产总成本，因而有更多的企业将进入该行业组织生产活动，增加了社会总产出；第二，预期环境成本的下降使部分原来使用清洁生产技术的企业发现使用污染生产技术利润更高，因此，转而使用污染生产技术，经济中使用污染生产技术的企业份额上升，即制度质量弱化提高了社会平均污染率。由于这两种机制都会促进污染排放，因此，监管过程制度质量弱化行为的存在会增加环境污染。

从上文的讨论可知，无论是市场准入环节的制度质量弱化还是准入后监管过程的制度质量弱化，都会为高污染企业生产提供机会，使社会总产出和平均污染率上升，进而促进污染排放增加。

三、制度质量对环境污染作用机制的扩展分析

前面的分析表明，通过拉拢相关主管人员，高污染企业既可以顺利通过环评并组织生产，也可以避免缴纳高额排污费，导致环境规制弱化和污染排放增加。但是需要说明的是，制度质量弱化不仅会弱化环境领域各项规章制度的实施强度，也会降低政府的一般治理水平，这可能导致隐性经济规模扩大，进而对环境污染产生影响。隐性经济的相关研究发现，隐性经济的影响因素包括税收负担、失业率、居民收入水平和政府治理水平等，其中税收负担和失业率的上升会增加隐性经济规模，而居民收入和政府治理水平的上升会降低隐性经济规模。制度质量弱化对隐性经济可能的影响有四个方面：第一，在制度质量弱化严重的地区，政府专项支出使用不到位的现象十分突出，导致政府支出效率低下和财政总支出增加，为保证政府既定目标的顺利完成将必须相应增加财政收入，这势必会增加居民的税收负担；第二，制度质量弱化对经济增长特别是民营经济具有负向影响，因此，制度质量弱化的增加会降低经济增速、提高社会失业率；第三，制度质量弱化对经济增长的负向影响会降低居民在国民收入初次分配中的所得，另外挪用转移支付资金会降低居民在二次分配中的收入，这些都将阻碍居民收入水平的提高；第四，在制度质量弱化严重的地区，相关主管人员疏于对执政能力的培养与提高，缺乏建立服务型政府的意识，导致政府治理水平较低。以上的分析表明，制度质量弱化水平与税收负担和失业率呈正相关，与居民收入和政府治理水

平呈负相关，因此，制度质量弱化程度的上升会扩大隐性经济规模。而由隐性经济的定义“所有出于规避政府规制或税收目的的经济活动及相应的收入”可知，隐性经济能够规避包括用工标准、环境规制等在内的各类政府规章制度，因此，隐性经济规模的扩大会增加环境污染，上述分析表明，制度质量弱化与隐性经济交互作用可能会影响环境污染，这一关系将在第五章进行更深入的分析。

此外，本章讨论的是在封闭经济条件下制度质量弱化对环境规制和环境污染的影响，没有考虑在开放经济下制度质量弱化对外商直接投资环境效应的影响。1985 年，我国实际使用外商直接投资仅 19.56 亿美元，到 2015 年，实际使用外商直接投资达 1262.67 亿美元，是 1985 年的 64 倍，实际使用外资年均增长 23%，可以发现外商直接投资是近些年推动我国经济快速增长的重要因素，此外 FDI 对环境质量也有着非常重要的影响。一般认为，进入我国的外资企业具有较高的生产技术水平和先进的企业管理理念，FDI 的技术溢出和人员流动会提高我国内资企业的生产技术水平，进而降低污染强度、减少污染排放，即 FDI 的技术溢出效应有助于环境质量改善。但制度质量弱化的存在会极大地弱化 FDI 技术溢出效应，FDI 出于对东道国制度环境和知识产权保护情况的担忧往往倾向于以独资而非合资形式设立企业组织生产，而高科技企业也会减少对该国的投资；当制度质量弱化程度显著影响 FDI 投资企业的正常运营时，FDI 将通过直接并购内资企业形式进行生产，这一投资形式和结构的变化会减弱 FDI 企业的技术溢出效应，且东道国制度质量越严重，FDI 技术溢出效应的减排效果越差。上述分析表明制度质量弱化与外商直接投资交互作用可能会影响环境污染，这一关系将在第六章进行更深入的分析。

四、比例形式环境成本

这一小节我们将对上文中部分假设进行修改，以使本模型的主要结论在更一般的情形下也成立。本小节与上文假设的差异之处在于：①环境成本不再采取一次总付形式，而是按污染排放量的比例征收；②企业可在一个连续的范围内选择生产技术，每种技术用污染率 $e>0$ 表示；③企业生产技术的选择要考虑生产成本；④主管人员和生产企业之间的合谋行为被检察机关查处的概率取决于行业中从事生产的企业总数；⑤均衡相关费用由生产企业和环保官员共同谈判决定；⑥合谋逃税企业被检察机关查处后将被处以 r（$r>1$）倍于逃税金额的罚金（Yitzhaki，1974）。为了简化模型求解过程，这部分假设企业可以无成本使用生产技术。

首先，分析环保官员和生产企业之间无合谋行为的情形。在这种情形下，企业的目标是选择合适的生产技术以最大化利润 $\pi_j=(k-\sum_{j=1}^{n}q_j)q_j-te_jq_j-$

$M(e_j, q_j)$，其中，t 是比例环境成本，$M(e_j, q_j)$ 是借鉴 Requate（2005）的总生产成本函数，且满足$M_{e_j}<0$，$M_{q_j}>0$，$M_{q_je_j}<0$。$M_{e_j}<0$ 的含义是使用较清洁生产技术比使用污染技术的生产成本更高，与其相对立的情形是$M_{e_j}>0$，即无论是否征收环境成本所有企业都会选择最清洁的生产技术，这显然与现实不符。本书使用如下成本函数形式：

$$M(e_j, q_j)=\frac{e_j^{-\beta}}{\beta}q_j,\ \beta>0 \tag{3-40}$$

给定式（3-40），企业会选择产量q_j和生产技术e_j以最大化利润：

$$\pi_j=(k-\sum_{j=1}^{n}q_j)q_j-t\,e_jq_j-\frac{e_j^{-\beta}}{\beta}q_j \tag{3-41}$$

式（3-41）相较于q_j和e_j的一阶条件是：

$$\frac{\partial\ \pi_j}{\partial\ q_j}=0\Leftrightarrow k-\sum_{j=1}^{n}q_j-q_j-t\,e_j-\frac{e_j^{-\beta}}{\beta}=0 \tag{3-42}$$

$$\frac{\partial\ \pi_j}{\partial\ e_j}=0\Leftrightarrow -t\,q_j+e_j^{-(\beta+1)}q_j=0 \tag{3-43}$$

从式（3-43）可得均衡污染率：

$$e^*=\left(\frac{1}{t}\right)^{\frac{1}{1+\beta}} \tag{3-44}$$

显然均衡污染率随环境成本增加而递减，因为税费增加会促使企业采用清洁生产技术。由于单位产出总成本（环境成本与生产成本之和）m^*为：

$$m^*=t\,e^*+\frac{(e^*)^{-\beta}}{\beta} \tag{3-45}$$

结合式（3-44）进而有：

$$m^*=\frac{t^b}{b} \tag{3-46}$$

其中，$b\equiv\frac{\beta}{1+\beta}$。把式（3-45）代入式（3-42）并结合$q_j=q$，$\forall j$，可得均衡时每个企业的产出水平，即：

$$q^*=\frac{k-m^*}{1+n} \tag{3-47}$$

给定 $Q=n\,q^*$，把式（3-47）代入式（3-4）得到：

$$p=\frac{k+n\,m^*}{1+n} \tag{3-48}$$

利用式（3-47）和式（3-48）可得企业均衡利润：

$$\pi^*=\left(\frac{k-m^*}{1+n}\right)^2 \tag{3-49}$$

其次，讨论企业与主管人员合谋以逃避环境成本的情形。在这种情形下，只要企业支付了相关费用b，相关主管人员就只征收$\psi \in (0, 1)$比例的环境成本，即排放$e_j q_j$单位污染物的企业只需缴纳$\psi t\, e_j q_j$的环境成本。但这种合谋行为有可能被检察机关查处，假设概率为$\sigma \in (0, 1)$。如果被发现，当事企业将被处以$r\ (r>1)$倍于避税金额的罚金。

假设合谋企业被查处的概率随行业中企业数量的增加而递减。这一假设是因为生产企业总数越多，检察机关需要的监管人员和监管成本也越多，单个企业更容易规避监管。因此，我们假设$\sigma = g(n)$且$g'(n) < 0$。为了分析的方便，我们采取如下函数形式：

$$\sigma = g(n) = \frac{1-\gamma}{1+n}, \quad -1<\gamma<1 \tag{3-50}$$

综上所述，与相关主管人员合谋规避环境成本的企业预期利润是：

$$\pi_j = \left(k - \sum_{j=1}^{n} q_j\right) q_j - zt\, e_j q_j - \frac{e_j^{-\beta}}{\beta} q_j - b \tag{3-51}$$

其中，

$$z = \psi + \sigma r(1-\psi) \tag{3-52}$$

从理论上来看，通过设置较高的罚金倍数r可以消除企业向相关主管人员支付费用以规避环境成本的动机。但现实中并非如此，可以发现避税行为在几乎所有的国家都存在，包括法制较为健全的发达国家，正如 Pestieau 和 Possen (1991) 指出，设置过高的罚金倍数在政治上并不可行。在本书中，当且仅当$z<1$时，企业才有动机去拉拢相关主管人员以减少环境成本缴纳额。为了保证这一点，我们假设$1<r<2$。

在制度质量弱化情形，每个企业也需要选择产量q_j和生产技术e_j以最大化利润。式（3-51）的一阶条件是：

$$\frac{\partial\ \pi_j}{\partial\ q_j} = 0 \Leftrightarrow k - \sum_{j=1}^{n} q_j - q_j - zt\, e_j - \frac{e_j^{-\beta}}{\beta} = 0 \tag{3-53}$$

$$\frac{\partial\ \pi_j}{\partial\ e_j} = 0 \Leftrightarrow -zt\, q_j + e_j^{-(\beta+1)} q_j = 0 \tag{3-54}$$

从式（3-54）可得均衡污染率：

$$e^{**} = \left(\frac{1}{zt}\right)^{\frac{1}{1+\beta}} \tag{3-55}$$

由于市场均衡时单位产出总成本（环境成本与生产成本之和）m^{**}为：

$$m^{**} = te^{**} + \frac{(e^{**})^{-\beta}}{\beta} \tag{3-56}$$

结合式（3-55）进而有：

$$m^{**}=\frac{(zt)^{b}}{b} \tag{3-57}$$

把式（3－57）代入式（3－53）并结合$q_j=q$，$\forall j$，可得均衡时每个企业的产出水平，即：

$$q^{**}=\frac{k-m^{**}}{1+n} \tag{3-58}$$

给定$Q=nq^{**}$，把式（3－58）代入式（3－4）得到：

$$p=\frac{k+nm^{**}}{1+n} \tag{3-59}$$

利用式（3－58）和式（3－59）可得企业均衡利润：

$$\pi^{**}=\left(\frac{k-m^{**}}{1+n}\right)^{2}-b \tag{3-60}$$

对比上述无制度质量弱化情形和制度质量弱化情形可得到如下结论：相较于无制度质量弱化情形，制度质量弱化情形下企业会采取污染率更高的生产技术，即$e^{**}>e^{*}$；在给定行业中企业总数n时，单个企业的产量也更高，即$q^{**}>q^{*}$。

直观看来，当存在相关主管人员时，企业使用比无制度质量弱化情形均衡污染率（即式（3－44））更高的生产技术时，由于企业无须全额缴纳环境成本，因此，环境成本的增加额低于生产成本的减少幅度，导致预期总成本下降，由于企业收入不变，因此，预期利润上升，企业就会选择污染率更高的生产技术，直到新的均衡污染率水平。再结合式（3－58），当市场中企业总数不变时，单个企业的产出也会上升。

此外，制度质量弱化也会影响市场均衡时的企业数。为了分析这个问题，首先要求解均衡支付费用。与基本模型相似，被检察机关查处的相关主管人员将被解雇且被处以没收全部非法所得，因此，相关主管人员预期效用是$\lambda^{c}=(1-\sigma)\left(\omega+\frac{n}{\delta}b\right)$，秉公执法的相关主管人员效用是$\lambda^{H}=\omega$。对比这两种效用和式（3－49）、式（3－60）可得纳什谈判解是$(\pi^{**}-\pi^{*})^{\varepsilon}(\lambda^{c}-\lambda^{H})^{1-\varepsilon}$，即：

$$\left[\left(\frac{k-m^{**}}{1+n}\right)^{2}-\left(\frac{k-m^{*}}{1+n}\right)^{2}-b\right]^{\varepsilon}\left[(1-\sigma)\frac{n}{\delta}b-\sigma\omega\right]^{1-\varepsilon} \tag{3-61}$$

其中，$\varepsilon\in(0,1)$是企业在与相关主管人员谈判时的相对地位。求解使式（3－61）最大化的b可得：

$$b=(1-\varepsilon)\left[\left(\frac{k-m^{**}}{1+n}\right)^{2}-\left(\frac{k-m^{*}}{1+n}\right)^{2}\right]+\frac{\varepsilon\sigma\omega\delta}{(1-\sigma)n} \tag{3-62}$$

把式（3－62）代入$\pi^{**}-\pi^{*}$和$\lambda^{c}-\lambda^{H}$可得：

$$\pi^{**}-\pi^{*}=\frac{\varepsilon\sigma\delta}{(1-\sigma)n}I \tag{3-63}$$

$$\lambda^{c}-\lambda^{H}=(1-\varepsilon)\sigma I \tag{3-64}$$

其中，

$$I=\frac{(1-\sigma)n}{\sigma\delta}\quad\frac{(m^{*}-m^{**})(k-m^{**}+k-m^{*})}{(1+n)^{2}}-\omega \tag{3-65}$$

式（3－63）和式（3－64）表明企业和相关主管人员发现政企合谋协助生产企业规避部分环境成本对双方均有利（或均无利）。只要 $I>0$ 企业就愿意支付拉拢费用来规避环境成本，且官员也愿意接受费用并帮助企业减少其环境成本费。使用式（3－65）可以分析行业中的企业数对政企合谋的影响。

引理 7：行业中竞争企业数量的增加会使企业和环保官员合谋的激励增强。因此，存在一个临界值 $\hat{n}$ 使：

（1）当 $n<\hat{n}$ 时，没有官员接受费用且没有企业愿意规避环境成本；

（2）当 $n>\hat{n}$ 时，所有官员都会接受费用且所有企业都愿意规避部分环境成本。

证明：把式（3－46）、式（3－50）、式（3－52）和式（3－57）代入式（3－65）得到：

$$I=\frac{1}{(1-\gamma)\delta}\frac{n}{1+n}\frac{\gamma+n}{1+n}\left\{\frac{t^{b}}{b}-\frac{\left[\psi+\frac{1-\gamma}{1+n}r(1-\psi)\right]^{b}t^{b}}{b}\right\}$$

$$\left\{k-\frac{t^{b}}{b}+k-\frac{\left[\psi+\frac{1-\gamma}{1+n}r(1-\psi)\right]^{b}t^{b}}{b}\right\}-\omega$$

从上式可以直接得到$\frac{\partial I}{\partial n}>0$。再假设 I（$n=1$） <0 和 I（$n\to\infty$） >0，则引理 7 中的临界值 $\hat{n}$ 就一定存在。

对于环保官员而言，行业中企业数量的增加通过两种机制增加其预期效用。一方面，潜在拉拢相关人员的企业数上升；另一方面，从式（3－50）可知，这使检察机关查处政企合谋的概率 σ 降低，因此，企业数越多官员接受拉拢的激励越强。对生产企业而言，行业中企业数量的增加降低了企业的拉拢行为被查处的概率，增加了预期利润，促使更多生产企业拉拢主管人员；但同时也会使市场竞争更加激励进而降低企业总收入。总效应是促进了企业拉拢的动机。

现在来分析制度质量弱化行为对市场均衡时企业数量的影响。把式（3－62）代入式（3－60）得到：

$$\pi^{**}=\varepsilon\left(\frac{k-m^{**}}{1+n}\right)^{2}+(1-\varepsilon)\left(\frac{k-m^{*}}{1+n}\right)^{2}-\frac{\varepsilon\sigma\omega\delta}{(1-\sigma)n} \tag{3-66}$$

把式（3－46）、式（3－50）、式（3－52）和式（3－57）代入式（3－66）可得到制度质量弱化情形下的企业预期利润：

$$\pi^{**}=\varepsilon\left\{k-\frac{\left[\psi+\frac{1-\gamma}{1+n}r(1-\psi)\right]^{b}t^{b}}{\frac{b}{1+n}}\right\}^{2}+(1-\varepsilon)\left(\frac{k-\frac{t^{b}}{b}}{1+n}\right)^{2}-\frac{\varepsilon\omega\delta(1-\gamma)}{(\gamma+n)n}$$

$$=\pi^{C}(n) \tag{3-67}$$

把式（3－46）代入式（3－49），可得无制度质量弱化时企业的预期利润：

$$\pi^{*}=\left(\frac{k-\frac{t^{b}}{b}}{1+n}\right)^{2}=\pi^{H}(n) \tag{3-68}$$

在无制度质量弱化情形下可直接得到$\frac{\partial\ \pi^{H}\ (n)}{\partial\ n}<0$。在制度质量弱化情形式（3－67），企业数量增多带来的竞争效应会降低企业收入与利润，但由式（3－62）可知企业数量增加也会减少企业的均衡拉拢的金额，进而会增加企业利润，因此，还不能确定企业数量增加对预期利润的总效应。在进行一系列整理后，结合式（3－46）和式（3－57）可得：

$$\frac{\partial\ \pi^{C}(n)}{\partial\ n}=\left(\frac{1}{1+n}\right)^{3}\{-2[\varepsilon(k-m^{**})(k-\xi m^{**})+(1-\varepsilon)(k-m^{*})^{2}]+\varepsilon\omega\delta(1-\gamma)\eta(n)\} \tag{3-69}$$

其中，$\xi=1+\frac{b(1-\gamma)(1-\psi)r}{(1+n)\psi+(1-\gamma)(1-\psi)r}$，且

$$\eta(n)=\frac{(1+n)^{3}(\gamma+2n)}{n^{2}(\gamma+n)^{2}} \tag{3-70}$$

从式（3－70）可见 $\eta'(n)<0$，$\eta(1)=8(2+\gamma)/(1+\gamma)^{2}$ 且 $\lim_{n\to\infty}\eta(n)=2$。因此，给定式（3－69），假设市场的需求端（即参数 k）足够大使 $2[\varepsilon(k-m^{**})(k-\xi m^{**})+(1-\varepsilon)(k-m^{*})^{2}]>\varepsilon\omega\delta(1-\gamma)\eta(1)$ 成立，那么有$\frac{\partial\ \pi^{C}\ (n)}{\partial\ n}<0$。利用上述结论，可以得到市场均衡时的企业数量：

引理8：相较于无制度质量弱化情形，在制度质量弱化情形下有更多的企业组织生产，即均衡时行业中的企业数更多。

证明：从前文知固定进入成本 $\varphi>0$。用n^{*}和n^{**}分别表示在无制度质量弱化情形和制度质量弱化情形下均衡企业数量，即$\pi^{H}(n^{*})=\varphi$和$\pi^{C}(n^{**})=\varphi$。使用式（3－67）和式（3－68），有$\lim_{n\to\infty}\pi^{H}(n)=\lim_{n\to\infty}\pi^{C}(n)=0$。进一步地，只要企业和官员有合谋的动机（$I>0$），那么$\pi^{**}>\pi^{*}\Leftrightarrow\pi^{C}(n)>\pi^{H}(n)$，$\forall n\in[1,\infty)$。因此，只要$\frac{\partial\ \pi^{H}\ (n)}{\partial\ n}<0$ 且$\frac{\partial\ \pi^{C}\ (n)}{\partial\ n}<0$，当内部解存在时，一定满足$n^{**}>n^{*}$。

引理 8 的经济学解释是：当存在制度质量弱化时，企业采取比无制度质量弱化情形均衡污染率更高的生产技术时，由于企业可以拉拢主管人员来规避部分环境成本，这降低了企业的预期总生产成本，进而增加了预期利润，将激励更多的企业组织生产。可以发现引理 7 和引理 8 的结论与我们在前面基本模型中的结论相似，因此，可得：

（1）当$n^{**}<\hat{n}$时，没有制度质量弱化，没有企业规避环境成本，且均衡企业数量是n^{*}；

（2）当$n^{*}>\hat{n}$时，所有主管人员都是制度质量弱化的，所有企业都规避环境成本，且均衡企业数量是n^{**}。

现在可以分析制度质量弱化对污染排放的总影响。显然制度质量弱化的存在会导致更高的环境污染，这是因为没有制度质量弱化时，总排放是$S^{H}=e^{*}n^{*}q^{*}=e^{*}\frac{n^{*}}{1+n^{*}}(k-m^{*})$，当存在制度质量弱化时，总排放是$S^{C}=e^{**}n^{**}q^{**}=e^{**}\frac{n^{**}}{1+n^{**}}(k-m^{**})$。那么如果$m^{*}>m^{**}$（见式(3-46)和式(3-57)）并结合引理 8 的结论，

$$S^{C}-S^{H}=\frac{n^{*}n^{**}[e^{**}(k-m^{**})-e^{*}(k-m^{*})]+n^{**}e^{**}(k-m^{**})-n^{*}e^{*}(k-m^{*})}{(1+n^{*})(1+n^{**})}$$

必然为正。

从理论模型可发现，环境成本无论是采用一次总付形式还是比例形式，当污染企业拉拢相关主管人员能够减弱环境规制执行力度（模型中是环境成本）时，以利润最大化为目标的企业为降低总成本将使用污染率更高的生产技术，因此，社会平均污染率上升；成本的下降和利润的增加将促使更多潜在企业进入并组织生产，结果导致社会总产出增加，这两种机制的总效应是污染总排放上升。

五、不完全信息动态博弈情形

上文讨论了在完美信息动态博弈情形下企业和主管人员的最优行为选择以及对环境污染的影响，其中环保主管人员可以准确核查企业所使用的生产技术，企业不能误导主管人员对技术的判断。但是现实中环保主管人员往往不能准确掌握企业的实际生产技术类型，只能根据企业的登记信息等信号进行判断，然而企业不一定总是如实登记自己的技术选择：如果企业采取清洁生产技术，就只会如实登记技术类型；如果企业采取污染生产技术，为了规避环境成本，其可能虚假登记为清洁生产技术，进而误导环保主管人员对企业技术类型的判断，即环保主管人员相对于企业而言处于信息劣势地位。环保主管人员也会对企业的生产技术类型进行实地检查，但企业并不清楚主管人员会积极检查还是消极检查，如果主管人员消极检查，就不能查处企业虚假登记并掩饰高污染排放的行为，如果主管人

员愿意被拉拢，为接受企业拉拢，其会积极检查并可以发现企业的掩饰行为。因此，企业和环保主管人员之间的博弈是不完全信息博弈。

此外，企业和环保主管人员并非同时行动，往往是企业先行确定生产技术类型并登记，环保主管人员再根据企业传递的信号决定是不以权谋私消极检查还是以权谋私积极检查，因此，这一博弈是不完全信息动态博弈。这部分将在不完全信息动态博弈模型框架下对一次总付形式情形下企业和环保主管人员的最优行为进行分析，并在此基础上探讨企业和环保主管人员合谋规避环境成本行为对环境质量的影响。

1. 模型假设

与上文相同，参与主体包括企业（用 F 表示）和环保主管人员（用 B 表示），企业类型用 $F=\{F_1, F_2\}$ 表示，F_1表示企业为高污染类型（采用污染生产技术），F_2表示企业为低污染类型（采用清洁生产技术）。企业在确定具体生产技术后要向环保主管人员进行登记，令 $T=\{T_1, T_2\}$ 表示企业的信号空间，当$T=T_1$时，企业向环保主管人员传递的信号是企业的类型F_1；当 $T=T_2$时，企业向环保主管人员传递的信号是企业的类型F_2。显然低污染企业会如实申报，而由于高污染企业按规定要缴纳环境成本 t，为了降低生产成本，高污染企业有可能虚假申报自己的实际生产技术，并在环保主管人员实地检查时掩饰自己的高污染排放行为。环保主管人员也清楚企业传递的信号并不完全可信，尤其当企业登记为低污染企业类型时，但其仅知道概率分布。假设登记为T_1中F_1类型的企业概率为p_1，即 $p(F_1 \mid T_1)=p_1$，那么F_2类型的企业概率为 $1-p_1$，即 $p(F_2 \mid T_1)=1-p_1$；假设登记为T_2中F_1类型的企业概率为p_2，即 $p(F_1 \mid T_2)=p_2$，那么F_2类型的企业概率为 $1-p_2$，即 $p(F_2 \mid T_2)=1-p_2$。低污染企业不会主动登记为高污染类型，因为这会使其无故承担环境成本，因此，$p(F_2 \mid T_1)=1-p_1=0$，$p_1=1$，即登记为高污染企业的一定属于高污染类型。

环保官员的行动空间 $B=\{B_1, B_2\}$，其中B_1表示主管人员不愿意以权谋私，B_2表示主管人员愿意以权谋私。当主管人员不愿意以权谋私时，他不能获得对应的非法收入，只能获得政府支付的薪水 ω，因此，在对企业进行实地检查时持消极态度，无法发现虚假登记为低污染类型的高污染企业的掩饰行为，当企业登记为高污染类型时，需承担环境成本 t；当企业登记为低污染类型时，无须承担任何环境成本。当主管人员愿意以权谋私时，是为了获得非法收入，主管人员对企业进行认真且细致的实地检查，因而可以发现企业虚假登记技术类型的证据并据以要挟勒索当事企业，这时当高污染企业如实登记为高污染类型时，主管人员为其提供免于缴纳环境成本的机会，条件是企业向官员支付拉拢费用金额 b，但正如上文所述，检察机关查处企业和官员合谋行为的概率为 σ，如被查处企业要补

缴全额环境成本 t，因此，企业需承担的拉拢费用和环境成本是（$b+\sigma t$），而官员的预期收益则是λ^c；当高污染企业虚假登记为低污染类型时，会被官员查处，企业通过向官员支付拉拢费用金额 b'可以避免对虚假登记行为的处罚同时免于缴纳环境成本费，但拉拢费用金额高于如实登记情形，即 $b'>b$，因此，企业需承担的拉拢费用和环境成本是（$b'+\sigma t$），而官员的预期收益则是 $\lambda^{c'}$，显然 $\lambda^{c'}>\lambda^c>\omega$；当低污染企业如实登记为低污染类型时，我们假设官员可以通过威胁将企业类型更改为高污染类型来威胁企业，企业为保证生产活动顺利进行将向其妥协并支付拉拢费用金额 b，如果企业和官员合谋行为被查处，企业无须再补缴环境成本 t，但拉拢费用金额 b 也不能被返还，因此，企业需承担的行贿和环境成本是 b，而官员的预期收益则是λ^c。

由上文可得企业行贿和缴纳环境成本前利润为 v，用U_i（F，T，B）（$i=F$，B）表示企业或主管人员的收益，根据上述分析可知，高污染企业登记为高污染类型，且受不愿意以权谋私主管人员监管时企业的收益是：

$U_F(F_1, T_1, B_1)=v-t$

高污染企业登记为高污染类型，且受不愿意以权谋私主管人员监管时官员的收益是：

$U_B(F_1, T_1, B_1)=\omega$

高污染企业登记为高污染类型，且受愿意以权谋私主管人员监管时企业的收益是：

$U_F(F_1, T_1, B_2)=v-(b+\sigma t)$

高污染企业登记为高污染类型，且受愿意以权谋私主管人员监管时官员的收益是：

$U_B(F_1, T_1, B_2)=\lambda^c$

高污染企业登记为低污染类型，且受不愿意以权谋私主管人员监管时企业的收益是：

$U_F(F_1, T_2, B_1)=v$

高污染企业登记为低污染类型，且受不愿意以权谋私主管人员监管时官员的收益是：

$U_B(F_1, T_2, B_1)=\omega$

高污染企业登记为低污染类型，且受愿意以权谋私主管人员监管时企业的收益是：

$U_F(F_1, T_2, B_2)=v-(b'+\sigma t)$

高污染企业登记为低污染类型，且受愿意以权谋私主管人员监管时官员的收益是：

$U_B(F_1, T_2, B_2) = \lambda^{c'}$

低污染企业登记为低污染类型，且受不愿意以权谋私主管人员监管时企业的收益是：

$U_F(F_2, T_2, B_1) = v$

低污染企业登记为低污染类型，且受不愿意以权谋私主管人员监管时官员的收益是：

$U_B(F_2, T_2, B_1) = \omega$

低污染企业登记为低污染类型，且受愿意以权谋私主管人员监管时企业的收益是：

$U_F(F_2, T_2, B_2) = v - b$

低污染企业登记为低污染类型，且受愿意以权谋私主管人员监管时官员的收益是：

$U_B(F_2, T_2, B_2) = \lambda^c$

2. 博弈过程

根据海萨尼转换（Harsanyi Transformation），引入参与人“自然”（用 N 表示），“自然”将企业分为两类：采用污染生产技术和采用清洁生产技术；假设企业先行动，选择如实登记或虚假登记自己的技术类型；环保主管人员后行动，根据企业传达的信号选择秉公执法或是接受拉拢以权谋私。博弈的过程如图 3-2 所示。

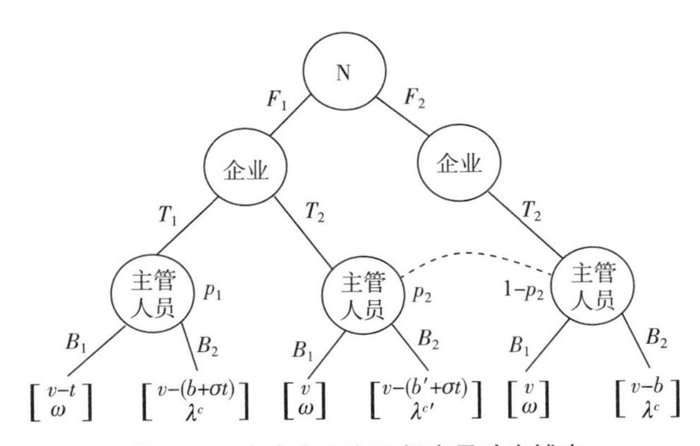

图 3-2　生产企业和环保官员动态博弈

3. 精炼贝叶斯均衡

对于信号博弈的精炼贝叶斯均衡解应该满足三个条件：第一，信号的接收者对于信号出现的概率有一个推断（信念），这个推断要符合贝叶斯法则，是一个后验概率；第二，在后验概率条件下，信号接收者的行动要使自己的效用最大化；

第三，给定信号接收者的战略，信号发出者同样使自己的效用最大化。不完全信息动态博弈的均衡解有三类：分离均衡、混同均衡以及准分离均衡，由于本书的研究只有两个信号、两种类型，因此，精炼贝叶斯均衡可不考虑准分离均衡。

在上述动态博弈中企业有两种登记策略：

第一种是混同策略：$T(F)=\begin{cases}T_2, & F=F_1\\ T_2, & F=F_2\end{cases}$，简记为（$T_2$，$T_2$）。

第二种是分离策略：$T(F)=\begin{cases}T_1, & F=F_1\\ T_2, & F=F_2\end{cases}$，简记为（$T_1$，$T_2$）。

（1）如果企业采取混同策略（T_2，T_2），则环保主管人员的信息推断是 $p(F_1 \mid T_2)=p_2$，$p(F_2 \mid T_2)=1-p_2$，$p(F_1 \mid T_1)=1$，$p(F_2 \mid T_1)=0$。环保主管人员的选择是$\max_{B_i}\sum_F U_B(F_j, T_k, B_i)\,p(F_j \mid T_k)$。

1）当 $T=T_1$ 时，$\max_{B_i}\sum_F U_B(F_j, T_1, B_i)\,p(F_j \mid T_1)=\max\{U_B(F_1, T_1, B_1), U_B(F_1, T_1, B_2)\}=\max\{\omega, \lambda^c\}=\lambda^c$，所以$B^*(T_1)=B_2$。

2）当 $T=T_2$ 时，$\max_{B_i}\sum_F U_B(F_j, T_2, B_i)p(F_j \mid T_2)=\max\{p_2U_B(F_1, T_2, B_1)+(1-p_2)U_B(F_2, T_2, B_1), p_2U_B(F_1, T_2, B_2)+(1-p_2)U_B(F_2, T_2, B_2)\}=\max\{p_2\omega+(1-p_2)\omega, p_2\lambda^{c\prime}+(1-p_2)\lambda^c\}=p_2\lambda^{c\prime}+(1-p_2)\lambda^c$，所以$B^*(T_2)=B_2$。

综上可知，对于企业的混同策略（T_2，T_2），环保主管人员的最优选择是 $B^*(T)=(B_2, B_2)$，即主管人员总是选择以权谋私、收受贿赂以增加个人收入。此时企业的最优登记选择是$\max\limits_{T_k}U_F(F_j, T_k, B^*(T))$。

3）对于 $F=F_1$，$\max\limits_{T_k}U_F(F_1, T_k, B_2)=\max\{U_F(F_1, T_1, B_2), U_F(F_1, T_2, B_2)\}=\max\{v-(b+\sigma t), v-(b'+\sigma t)\}=v-(b+\sigma t)$，因此，$T^*(F_1)=T_1$。

4）对于 $F=F_2$，显然有$T^*(F_2)=T_2$。因此，企业的最佳登记策略是 $T^*(F)=(T_1, T_2)$，即总是如实登记自己的生产技术类型，不同于混同策略，因此，该混同策略不是子博弈精炼贝叶斯均衡。

（2）如果企业采取分离策略（T_1，T_2），则环保主管人员的信息推断是 $p(F_1 \mid T_1)=p(F_2 \mid T_2)=1$，$p(F_1 \mid T_2)=p(F_2 \mid T_1)=0$。

1）当 $T=T_1$ 时，$\max_{B_i}\sum_F U_B(F_j, T_1, B_i)p(F_j \mid T_1)=\max\limits_{B_i}U_B(F_1, T_1, B_i)=\max[U_B(F_1, T_1, B_1), U_B(F_1, T_1, B_2)]=\max\{\omega, \lambda^c\}=\lambda^c$，所以$B^*(T_1)=B_2$。

2）当 $T=T_2$ 时，$\max_{B_i}\sum_F U_B(F_j, T_2, B_i)p(F_j \mid T_2)=\max\limits_{B_i}U_B(F_2, T_2, B_i)=\max\{U_B(F_2, T_2, B_1), U_B(F_2, T_2, B_2)\}=\max\{\omega, \lambda^c\}=\lambda^c$，所以$B^*(T_2)=B_2$。

综上可知，对于企业的分离策略（T_1，T_2），环保主管人员的最优选择是 B^*（T）=（B_2，B_2），即主管人员总是选择以权谋私增加个人收入。

如果主管人员总是选择以权谋私，与（1）中的分析相似，企业的最佳登记策略是T^*（F）=（T_1，T_2），即总是如实登记自己的生产技术类型，与分离策略相同，因此，该分离策略是子博弈精炼贝叶斯均衡。

综合以上分析可得，该不完全信息动态博弈的精炼贝叶斯均衡是[（T_1，T_2），（B_2，B_2）]，即企业总是选择如实登记自己的生产技术类型，并与以权谋私的主管人员合作规避环境成本。

（3）最后来探讨取得精炼贝叶斯均衡时企业和主管人员合谋对环境污染的影响。借鉴前面的分析可知，当企业采取污染生产技术、不存在制度质量弱化时，企业的利润是 $v-t$；当存在制度质量弱化时，企业的利润是 $v-(b+\sigma t)$，因此，制度质量弱化的存在提高了污染企业利润，促使更多企业采用污染生产技术；当企业采取清洁生产技术、不存在制度质量弱化时，企业的利润是 v；当存在制度质量弱化时，企业的利润是 $v-b$，因此，制度质量弱化的存在降低了清洁企业利润，使采用清洁生产技术的企业数量减少。综合可得制度质量弱化的存在提高了采取污染生产技术的企业比例，因此，社会总污染排放上升，与完美信息动态博弈情形的结论相同。

第三节 本章小结

本章分析了制度质量影响环境污染的内在机理。通过构建包含采用污染生产技术并与主管人员合谋规避环境成本的生产企业、采用清洁生产技术的生产企业、环保技术主管人员和政府检察机关的理论分析框架，探讨了制度质量对环境污染的内在作用机制，结果发现，无论环境成本采用一次总付形式还是比例形式，制度质量通过两种不同的机制导致污染排放增加：第一，制度质量弱化为使用污染生产技术的企业提供了规避环境成本的可能，降低了潜在进入企业预期生产总成本，因而有更多的企业将进入该行业组织生产活动，增加了社会总产出；第二，预期环境成本的下降使部分原来使用清洁生产技术的企业发现使用污染生产技术利润更高，因此，转而使用污染生产技术，经济中使用污染生产技术的企业份额上升，即制度质量弱化提高了社会平均污染率。由于这两种机制都会促进污染排放，因此，制度质量弱化行为的存在增加了环境污染。

第四章　制度质量影响环境污染的实证分析

第三章的理论分析表明，制度质量通过扩大社会总产出和平均污染率增加社会总污染排放，本章将基于中国省际面板数据和空间计量方法对理论模型结论进行验证，并探讨不同地区制度质量对环境污染影响的差异，为从制度视角制定环境污染解决方案提供经验支撑。

第一节　计量模型设定和变量说明

一、计量模型设定

第三章理论模型已经表明，制度质量弱化会通过弱化环境规制执行力度增加污染排放。为了从实证角度验证制度质量弱化对环境污染的影响，本书设定如下计量方程：

$$EP_{it} = \beta_0 + \beta_1 COR_{it} + \beta_2 Y_{it} + \beta_3 Z_{it} + u_i + \varepsilon_{it} \tag{4-1}$$

在式（4－1）中，下标 i 和 t 分别表示省份和时间，β_0 ~ β_3 表示待估计参数，EP 表示环境污染指标，COR 表示制度质量代理变量，Y 表示经济发展水平变量，Z 表示影响环境污染的其他控制变量。u_i 表示不随时间变化的地区固定效应，ε_{it} 表示随机扰动项。

按照传统 EKC 模型，经济发展和环境污染之间存在倒 U 型关系，即在经济发展的初期污染排放会随着经济增长而上升，当到达一定发展水平后，污染排放随着经济增长逐渐下降，为了体现这一非线性关系，本书在计量模型中加入经济发展水平的平方项，扩展后的计量方程为：

$$EP_{it} = \beta_0 + \beta_1 COR_{it} + \beta_2 Y_{it} + \beta_3 Y_{it}^2 + \beta_4 Z_{it} + u_i + \varepsilon_{it} \tag{4-2}$$

根据式（4－2）中 β_2 和 β_3 的符号可以对经济增长和环境污染的关系进行判

断：若$\beta_2>0$、$\beta_3<0$，经济增长和环境污染之间存在倒U型关系。

根据地理学第一定律“任何事物与其他事物都有一定的联系，且较近的事物之间的联系更紧密”。受自然因素影响，一个地区的环境状况必定与邻近地区的环境质量紧密相关，而地区之间经济生产活动的相互联系又增强了环境质量的关联。为了体现环境污染的空间相关性，本书构建空间滞后模型（Spatial Lag Model，SLM）和空间误差模型（Spatial Errors Model，SEM），具体来说：

空间滞后模型（SLM）认为，空间相关性仅来自被解释变量，即相邻地区中只有污染排放会影响本地区的环境质量，对应的计量模型为：

$$EP_{it}=\rho W\,EP_{it}+\beta_0+\beta_1 COR_{it}+\beta_2 Y_{it}+\beta_3 Y_{it}^2+\beta_4 Z_{it}+u_i+\varepsilon_{it} \qquad (4-3)$$

其中，ρ表示空间回归系数，W表示已知的$n\times n$空间权重矩阵，空间相关性仅由ρ来刻画，它反映了邻近地区污染排放影响本地区环境质量的方向和程度。

空间误差模型（SEM）认为，空间相关性通过误差项来体现，即对本地区环境质量有影响的存在空间相关性的是不包含在已知解释变量中的遗漏变量，或是不可观测的随机冲击存在空间相关性，对应的计量模型为：

$$EP_{it}=\beta_0+\beta_1 COR_{it}+\beta_2 Y_{it}+\beta_3 Y_{it}^2+\beta_4 Z_{it}+u_i+\varepsilon_{it}$$

$$\varepsilon_{it}=\lambda W\,\varepsilon_{jt}+v_{it} \qquad (4-4)$$

其中，λ表示空间误差系数，反映了被解释变量的误差冲击对本地区环境质量的影响方向和程度，v_{it}表示随机误差项。

二、变量说明和数据来源

囿于各省制度质量弱化数据可得性，本书研究时期从1994年开始，最新的数据允许扩展至2015年，因此，本书的研究时期为1994～2015年。港澳台地区数据不计入。由于西藏各类数据缺失较为严重，因而不在研究范围之内，重庆1997年才单独列为直辖市，为保证前后数据的一致性，将四川与重庆数据合并，最终本书的研究样本为1994～2015年29个省份的面板数据，样本观测值共638个。相关变量说明如下：

环境污染（EP），包括大气污染、水污染、噪声污染和土壤污染等。由于我国的环境污染以工业污染为主，因此，已有的文献多采用工业“三废”中某一种或某几种污染物作为我国环境污染的衡量指标。考虑到近些年来我国工业固体废物综合利用率不断提高，全国每年工业固体废物排放总量从2000年的3186万吨减少至2015年的56万吨①，2008年以后，很多省份的工业固体废物排放量不

① 资料来源于《中国环境统计年鉴》（2016）。

足万吨，这表明工业固体废物已不再是我国的主要污染物。有鉴于此，本书使用人均工业废气（EP1）和人均工业废水（EP2）排放量作为环境污染的代理变量。工业废气和工业废水数据来源于《中国环境年鉴》《中国统计年鉴》和《中国环境统计年鉴》，年末人口数来自《中国统计年鉴》和《新中国六十年统计资料汇编》。

COR 表示制度质量水平。在我国，制度质量往往具有很强的隐蔽性，很难准确估计各个地区到底存在多少制度质量弱化行为。为了衡量中国各省份的制度质量水平，需要一个能衡量制度质量弱化的客观指标。常见的制度质量弱化衡量方法有三种：司法数据、社会评价和制度质量弱化指数。由于制度质量弱化罪被司法机关成功检控取决于很多因素，因而以往文献中很少使用司法数据。社会评价可能受到个人经历、谣言或制度质量弱化间接效应观察的影响，因此，很难客观反映制度质量弱化状况。制度质量弱化指数一般是通过调查问卷、实地调查、采访或数据分析等方式得到的，因而较为公正，也常被用于国家间的实证分析之中。其中较为有名的制度质量弱化指标如透明国际（Transparency International，TI）提出的“制度质量弱化感知指数”（Corruption Perception Index，CPI），世界银行发布的制度质量弱化控制指数（Control of Corruption Index，CCI），PBS 公司发布的 ICRG 指数（International Country Risk Guide Index，ICRG），瑞士洛桑国际管理发展研究院（Institute for Management Development，IMD）每年发布的《世界竞争力年鉴》（World Competitiveness Yearbook，WCY）中的制度质量弱化指数，以及世界经济论坛《全球竞争力报告》中的制度质量弱化指数。在这些指数中，CPI 指数和 ICRG 指数使用最为广泛。

虽然 CPI 指数和 ICRG 指数较为客观公正，但这些指数每年只是披露各个国家（或地区）的整体制度质量弱化情况，并未细化到一国内部的地区层面，因此，主要被用于国别实证分析之中。由于本书研究的目的是分析我国省际层面上制度质量弱化对环境污染的影响，因此，无法使用该指数。Fisman 和 Gatt（2002）在度量美国各州的制度质量弱化水平时，使用了各州滥用职权的公职人员数，本书将借鉴他们的方法。《中国检察年鉴》中各省份工作报告会披露每年各地方检察机关立案侦查的职务犯罪案件数，本书用这一数据表征各地区制度质量弱化程度。为了剔除政府规模和各地区人口总数的影响，本书最终用单位公职人员职务犯罪案件立案数（COR1）作为制度质量弱化的代理变量。为保证回归结果的稳健性，本书还选择各省份单位人口职务犯罪案件立案数（COR2）和各省份公职人员中女性人员占比（COR3）作为制度质量弱化的替代变量，因为按照 Swamy 等（2001）和 Goetz（2007）的研究，女性官员占比越高的地区制度质量弱化水平越低。各省份职务犯罪立案数据来自于各年《中国检察年鉴》，公职人员数为《中国劳动统计年鉴》中“公共管理、社会保障和社会组织”年底就

业人员数。按照上文理论模型的预测，制度质量弱化水平越高的地区环境污染越严重，因此，COR1 和 COR2 系数符号预期为正，COR3 系数符号预期为负。

Y 表示经济发展水平指标，与大多数文献一致，采用人均国内生产总值来表示，并用人均 GDP 平减指数调整为 1994 年价格下的实际值。经济发展与环境污染的关系并非一成不变：在经济发展初级阶段，单纯追求经济的高速增长而忽略环境保护，经济增长会带来更多的污染；当发展水平较高时，生存环境的恶化、国民环保意识的增强以及环境治理技术的成熟和资金的充裕使经济增长有利于环境改善。在本书考察期内，我国各省份大多处于经济发展的初级阶段，因此，预期该变量符号为正，即经济增长不利于环境保护。人均 GDP 平减指数利用人均 GDP 指数和各年人均名义 GDP 计算得到，人均名义 GDP 和指数数据来源于《中国统计年鉴》和《新中国六十年统计资料汇编》。

W 表示空间权重矩阵，衡量不同地区之间的地理距离或经济联系程度。假设地区 i 和 j 之间的距离为w_{ij}，那么空间权重矩阵为：

$$W=\begin{pmatrix} w_{11} & \cdots & w_{1n} \\ \vdots & \ddots & \vdots \\ w_{n1} & \cdots & w_{nn} \end{pmatrix}$$

显然 W 为 $n\times n$ 对称方阵，且对角线元素$w_{11}=\cdots=w_{nn}=0$，即某地区和自身距离为 0。现有研究最常使用的空间矩阵为地理邻接矩阵，又称 0－1 矩阵，当地区 i 和 j 空间上相接时，$w_{ij}=1$，当地区 i 和 j 不相接时，$w_{ij}=0$，可以发现地理邻接矩阵仅认为空间上相接的地区之间才存在空间相关，不相接的地区则不存在空间相关，因此，在衡量各地区空间相关性上存在缺陷。本书按照不同的研究目的选取以下三种权重矩阵，第一种是地理距离权重矩阵W_D，当 $i\neq j$ 时，矩阵元素$w_{ij}=1/d_{ij}$，当 $i=j$ 时，$w_{ij}=0$，其中d_{ij}是省会城市之间的欧氏距离，显然地区间地理距离越小，则权重越大，相互影响也越强。第二种是经济距离权重矩阵W_E，参照林光平等（2005）和李胜兰等（2014）的研究，本书用两省份人均地区生产总值的差值的倒数表示地区间经济权重，即当 $i\neq j$ 时，矩阵元素 $w_{ij}=1/|gdp_i-gdp_j|$，gdp_i和gdp_j分别表示地区 i 和 j 的人均 GDP，经济权重考虑了不同地区经济发展水平的差异，且经济发展水平相近的地区环境污染可能存在较强空间相关性。第三种是混合权重矩阵W_M，该权重同时考虑了地理距离和经济距离对研究变量的影响，计算方法为$W_M=W_D\times W_E$，其中W_D表示空间地理距离权重，W_E表示经济距离权重，在具体计量分析过程中，对这三类权重矩阵进行标准化处理后再作为空间个体的权重。

Z 表示控制变量，借鉴已有研究文献，本书在模型设定中选取以下控制变量：

（1）产业结构（IS），用第二产业增加值占 GDP 比重表示，大多数高污染产业都属于第二产业，因此，第二产业占比越高，环境污染越严重，该变量符号预期为正。各地区 GDP 总值和第二产业 GDP 数据来源于《中国统计年鉴》和《新中国六十年统计资料汇编》。

（2）人口密度（PD），用单位国土面积年末人口数表示，人口越密集的地区居民的生产和生活行为对自然环境影响越大，工业企业也越多，因此，预期该变量符号为正，各省份国土面积数据来自《中国区域经济统计年鉴》。

（3）对外开放度（OPEN），用进出口贸易总额占 GDP 比重表示。在计算时利用各年人民币兑换美元汇率（年平均价）将用美元计价的每年各地区进出口贸易总额换算为人民币价格，再得到占 GDP 份额。对外开放度从两个方面影响环境污染，一方面，进出口贸易有利于促进贸易发生地相关产业的生产和经济总规模的扩大，会加剧环境污染；另一方面，与经济更发达的国家进行贸易将促进本地区企业采用更先进的生产技术，有利于产业结构升级，这将降低当地环境污染，因此，贸易开放对环境污染的总效应不确定。各地区每年进出口贸易总额和人民币兑换美元年平均汇率数据均来自《中国统计年鉴》和《新中国六十年统计资料汇编》。

（4）能源效率（EE），用单位实际 GDP 能源消耗量表示。能源效率的提高能直接降低单位产值的能源消耗量，进而降低环境污染，但能源回弹效应的存在使能源效率对环境污染的总效应不确定。单位 GDP 能耗数据来自《中国能源统计年鉴》和《新中国六十年统计资料汇编》。

（5）城镇化率（URB），用年末城镇人口占全部人口比重来表示，许多研究表明，城市化进程往往消耗大量自然资源并伴随严重的污染排放，因此，该变量符号预期为正。《中国统计年鉴》中公布了 2005 ~ 2015 年末城镇人口，但是其他年份公布的年末城镇人口未考虑常住人口，本书借鉴周一星和田帅（2006）的做法对 1994 ~ 2004 年各省份年末城镇人口数据进行修正，最终得到 1994 ~ 2004 年的城镇化率。

上述所有变量说明如表 4 - 1 所示。

表 4 - 1　变量说明

	变量名称	变量含义	单位
被解释变量	EP1	人均工业废气排放量	标准立方米/人
	EP2	人均工业废水排放量	吨/人
关键解释变量	COR1	单位公职人员职务犯罪案件立案数	件/万人
	COR2	单位人口职务犯罪案件立案数	件/百万人
	COR3	公职人员中女性人员占比	%

续表

	变量名称	变量含义	单位
关键解释变量	Y	人均国内生产总值	元/人
	IS	第二产业增加值占 GDP 比重	%
控制变量	PD	单位国土面积年末人口数	人/平方公里
	OPEN	进出口贸易额占 GDP 比重	%
	EE	单位实际 GDP 能源消耗量	吨标准煤/亿元
	URB	年末城镇人口占全部人口比重	%

以上所有变量中价值形态的数据均按照相关价格指数调整至 1994 年实际值。为消除不同量纲的影响，绝对数值均取自然对数，其他数据均采用原始数据。

三、数据描述性统计

由于我国东中西部地区经济发展水平、市场化程度和政治民主氛围存在较大差异，这很可能对官员的制度质量弱化行为、环境规制执行力度及其环境后果产生较大影响，为此本书将研究样本细分为东中西部三大区域[①]，探讨不同地区制度质量对环境污染影响的差异。最终处理后的变量描述性统计见表 4－2。

表 4－2　变量描述性统计

	变量	样本量	平均值	标准差	中位数	最小值	最大值
全国	EP1	638	9.92	0.83	9.94	7.83	12.46
	EP2	638	2.68	0.51	2.68	1.18	4.47
	COR1	638	3.33	0.36	3.33	2.10	4.93
	COR2	638	3.37	0.29	3.37	2.60	5.09
	COR3	638	26.96	3.71	26.73	18.23	38.59
	Y	638	9.26	0.83	9.25	7.35	11.41
	IS	638	45.44	7.97	46.97	19.74	60.13
	PD	638	5.37	1.26	5.55	1.89	8.25
	OPEN	638	31.41	39.53	12.89	3.16	217.34

① 按照我国传统地域划分，东部地区包括北京、天津、河北、辽宁、上海、江苏、浙江、福建、山东、广东和海南 11 个省市区，中部地区包括山西、吉林、黑龙江、安徽、江西、河南、湖北和湖南 8 个省，西部地区包括内蒙古、广西、四川（含重庆）、贵州、云南、陕西、甘肃、青海、宁夏和新疆 10 个省市区。

续表

	变量	样本量	平均值	标准差	中位数	最小值	最大值
全国	EE	638	9.83	0.54	9.80	8.60	11.19
	URB	638	46.13	16.24	43.59	19.85	89.60
东部地区	EP1	242	10.06	0.76	10.10	7.83	11.59
	EP2	242	2.94	0.55	2.95	1.42	4.47
	COR1	242	3.32	0.43	3.31	2.10	4.31
	COR2	242	3.35	0.33	3.33	2.60	4.44
	COR3	242	26.57	4.03	26.45	18.23	38.59
	Y	242	9.77	0.73	9.79	8.14	11.41
	IS	242	46.20	10.12	49.95	19.74	60.13
	PD	242	6.33	0.70	6.29	5.30	8.25
	OPEN	242	66.01	46.46	52.33	8.22	217.34
	EE	242	9.47	0.41	9.39	8.60	10.54
	URB	242	58.14	17.41	55.55	21.70	89.60
中部地区	EP1	176	9.69	0.77	9.66	8.31	11.67
	EP2	176	2.62	0.24	2.63	2.19	3.95
	COR1	176	3.46	0.28	3.44	2.83	4.18
	COR2	176	3.45	0.28	3.42	2.88	4.13
	COR3	176	26.05	3.05	25.90	19.08	33.23
	Y	176	9.01	0.69	8.96	7.72	10.37
	IS	176	46.29	6.78	46.77	31.81	60.00
	PD	176	5.52	0.57	5.66	4.40	6.37
	OPEN	176	10.24	4.21	9.53	3.16	33.19
	EE	176	9.87	0.44	9.81	9.16	11.19
	URB	176	41.57	10.26	42.83	20.91	58.80
西部地区	EP1	220	9.95	0.91	9.87	8.27	12.46
	EP2	220	2.45	0.48	2.40	1.18	3.75
	COR1	220	3.25	0.30	3.25	2.38	4.93
	COR2	220	3.33	0.24	3.36	2.69	5.09
	COR3	220	28.12	3.56	27.76	20.66	37.21
	Y	220	8.91	0.75	8.84	7.35	10.81
	IS	220	43.94	5.67	43.01	33.56	58.40
	PD	220	4.21	1.20	4.73	1.89	5.40

续表

	变量	样本量	平均值	标准差	中位数	最小值	最大值
西部地区	OPEN	220	10. 28	4. 99	9. 65	3. 57	36. 91
	EE	220	10. 21	0. 46	10. 28	9. 12	11. 09
	URB	220	36. 56	9. 03	35. 79	19. 85	60. 30

1. 全样本分析

在本书所分析的29个省份中，人均工业废气排放量和人均工业废水排放量的对数平均值分别是9. 92和2. 68，中位数分别是9. 94和2. 68，没有明显的偏差。样本中人均工业废气排放量的对数最大值为12. 46，出现在2010年的宁夏，最小值为7. 83，出现在1994年的海南。人均工业废水排放量的对数最大值为4. 47，出现在1994年的上海，最小值为1. 18，出现在2008年的贵州。

从关键解释变量来看，29个省份中单位公职人员职务犯罪案件立案数平均值和中位数均是3. 33，没有明显的偏差。最大值出现在2002年的青海，最小值出现在2015年的北京。单位人口职务犯罪案件立案数平均值和中位数均是3. 37，没有明显的偏差。最大值出现在2002年的青海，最小值出现在2013年的上海。公职人员中女性人员占比平均值是26. 96，中位数是26. 73，表现出一定的负偏态，即较多省份女性公职人员占比低于平均水平。最大值出现在2015年的北京，最小值出现在1994年的江苏。

从控制变量来看，人均国内生产总值平均值为9. 26，中位数是9. 25，没有明显的偏差。最大值出现在2015年的上海，最小值出现在1994年的贵州。第二产业增加值占GDP比重平均值是45. 44，中位数是46. 97，表现出一定的正偏态，即较多省份的二产增加值占GDP比重超过平均水平。最大值出现在2008年的天津，最小值出现在2015年的北京。单位国土面积年末人口数平均值是5. 37，中位数是5. 55，表现出一定的正偏态，即较多省份的单位国土面积年末人口数超过平均水平。最大值出现在2014年的上海，最小值出现在1994年的青海。进出口贸易总额占GDP比重平均值是31. 41，中位数是12. 89，表现出较大的负偏态，即大多数省份的进出口贸易总额占GDP比重低于平均水平。最大值出现在1994年的北京，最小值出现在1999年的河南。单位实际GDP能源消耗量平均值是9. 83，中位数是9. 80，没有明显的偏差。最大值出现在1994年的山西，最小值出现在2011年的福建。年末城镇人口占全部人口比重平均值是46. 13，中位数是43. 59，表现出一定的负偏态，即较多省份的年末城镇人口占全部人口比重低于平均水平。最大值出现在2014年的上海，最小值出现在1994年的云南。

2. 东部地区

在东部地区的11个省市区中，人均工业废气排放量和人均工业废水排放量的对数平均值分别是10.06和2.94，中位数分别是10.10和2.95，没有明显的偏差。样本中人均工业废气排放量的对数最大值为11.59，出现在2013年的河北，最小值为7.83，出现在1994年的海南。人均工业废水排放量的对数最大值为4.47，出现在1994年的上海，最小值为1.42，出现在2015年的北京。

从关键解释变量来看，在11个省份中单位公职人员职务犯罪案件立案数平均值是3.32，中位数是3.31，没有明显的偏差。最大值出现在1994年的上海，最小值出现在2015年的北京。单位人口职务犯罪案件立案数平均值是3.35，中位数是3.33，没有明显的偏差。最大值出现在1994年的上海，最小值出现在2013年的上海。公职人员中女性人员占比平均值是26.57，中位数是26.45，表现出一定的负偏态，即较多省份女性公职人员占比低于平均水平。最大值出现在2015年的北京，最小值出现在1994年的江苏。

从控制变量来看，人均国内生产总值平均值为9.77，中位数是9.79，没有明显的偏差。最大值出现在2015年的上海，最小值出现在1994年的河北。第二产业增加值占GDP比重平均值是46.20，中位数是49.95，表现出一定的正偏态，即较多省份的二产增加值占GDP比重超过平均水平。最大值出现在2008年的天津，最小值出现在2015年的北京。单位国土面积年末人口数平均值是6.33，中位数是6.29，表现出一定的负偏态，即较多省份的单位国土面积年末人口数低于平均水平。最大值出现在2014年的上海，最小值出现在1994年的海南。进出口贸易总额占GDP比重平均值是66.01，中位数是52.33，表现出一定的负偏态，即较多省份的进出口贸易总额占GDP比重低于平均水平。最大值出现在1994年的北京，最小值出现在1998年的河北。单位实际GDP能源消耗量平均值是9.47，中位数是9.39，表现出一定的负偏态，即较多省份的单位实际GDP能源消耗量低于平均水平。最大值出现在1994年的河北，最小值出现在2011年的福建。年末城镇人口占全部人口比重平均值是58.14，中位数是55.55，表现出一定的负偏态，即较多省份的年末城镇人口占全部人口比重低于平均水平。最大值出现在2014年的上海，最小值出现在1994年的河北。

3. 中部地区

在中部地区的8个省份中，人均工业废气排放量和人均工业废水排放量的对数平均值分别是9.69和2.62，中位数分别是9.66和2.63，没有明显的偏差。相较于东部地区，中部地区无论是人均工业废气排放量还是人均工业废水排放量均更低一些，这主要是因为两大区域经济发展水平存在较大差异。样本中人均工业废气排放量的对数最大值为11.67，出现在2011年的山西，最小值为8.31，出现在1997年的江西。人均工业废水排放量的对数最大值为3.95，出现在1995年的湖北，最小值为2.19，出现在2009年的黑龙江。

从关键解释变量来看，在 8 个省份中，单位公职人员职务犯罪案件立案数平均值是 3.46，中位数是 3.44，没有明显的偏差。最大值出现在 2002 年的黑龙江，最小值出现在 2014 年的湖南。单位人口职务犯罪案件立案数平均值是 3.45，中位数是 3.42，没有明显的偏差。最大值出现在 2003 年的黑龙江，最小值出现在 1997 年的河南。公职人员中女性人员占比平均值是 26.05，中位数是 25.9，没有明显的偏差。最大值出现在 2015 年的河南，最小值出现在 1994 年的江西。

从控制变量来看，人均国内生产总值平均值为 9.01，中位数是 8.96，没有明显的偏差。最大值出现在 2015 年的吉林，最小值出现在 1994 年的安徽。第二产业增加值占 GDP 比重平均值是 46.29，中位数是 46.77，表现出一定的正偏态，即较多省份的二产增加值占 GDP 比重超过平均水平。最大值出现在 2007 年的山西，最小值出现在 2015 年的黑龙江。单位国土面积年末人口数平均值是 5.52，中位数是 5.66，表现出一定的正偏态，即较多省份的单位国土面积年末人口数高于平均水平。最大值出现在 2004 年的河南，最小值出现在 1994 年的黑龙江。进出口贸易总额占 GDP 比重平均值是 10.24，中位数是 9.53，表现出一定的负偏态，即较多省份的进出口贸易总额占 GDP 比重低于平均水平。最大值出现在 1994 年的吉林，最小值出现在 1999 年的河南。单位实际 GDP 能源消耗量平均值是 9.87，中位数是 9.81，表现出一定的负偏态，即较多省份的单位实际 GDP 能源消耗量低于平均水平。最大值出现在 1994 年的山西，最小值出现在 2015 年的吉林。年末城镇人口占全部人口比重平均值是 41.57，中位数是 42.83，表现出一定的正偏态，即较多省份的年末城镇人口占全部人口比重高于平均水平。最大值出现在 2015 年的黑龙江，最小值出现在 1994 年的河南。

4. 西部地区

在西部地区的 10 个省市区中，人均工业废气排放量和人均工业废水排放量的对数平均值分别是 9.95 和 2.45，中位数分别是 9.87 和 2.40，表现出一定的负偏态，即较多省份的人均工业废气排放量和人均工业废水排放量低于平均水平。相较于东部地区，西部地区无论是人均工业废气排放量还是人均工业废水排放量均更低一些，这主要是因为两大区域经济发展水平存在较大差异；相较于中部地区，西部地区人均工业废气排放量较大，但人均工业废水排放量较小。样本中人均工业废气排放量的对数最大值为 12.46，出现在 2010 年的宁夏，最小值为 8.27，出现在 1994 年的云南。人均工业废水排放量的对数最大值为 3.75，出现在 2008 年的广西，最小值为 1.18，出现在 2008 年的贵州。

从关键解释变量来看，在 10 个省份中，单位公职人员职务犯罪案件立案数平均值是 3.25，中位数是 3.25，没有明显的偏差。最大值出现在 2002 年的青海，最小值出现在 1996 年的新疆。单位人口职务犯罪案件立案数平均值是 3.33，中位数是3.36，没有明显的偏差。最大值出现在2002年的青海，最小值出现在1994年的广西。公职人员中女性人员占比平均值是28.12，中位数是27.76，表现出一定的负偏态，即较多省份的女性公职人员占比低于平均水平。最大值出现在2015年的青海，最小值出现在1994年的陕西。

从控制变量来看，人均国内生产总值平均值为8.91，中位数是8.84，表现出一定的负偏态，即较多省份的人均国内生产总值低于平均水平。最大值出现在2015年的四川，最小值出现在1994年的贵州。第二产业增加值占GDP比重平均值是43.94，中位数是43.01，表现出一定的负偏态，即较多省份的二产增加值占GDP比重低于平均水平。最大值出现在2011年的青海，最小值出现在2002年的广西。单位国土面积年末人口数平均值是4.21，中位数是4.73，表现出一定的正偏态，即较多省份的单位国土面积年末人口数高于平均水平。最大值出现在2004年的贵州，最小值出现在1994年的青海。进出口贸易总额占GDP比重平均值是10.28，中位数是9.65，表现出一定的负偏态，即较多省份的进出口贸易总额占GDP比重低于平均水平。最大值出现在2008年的新疆，最小值出现在2011年的青海。单位实际GDP能源消耗量平均值是10.21，中位数是10.28，没有明显的偏差。最大值出现在2004年的宁夏，最小值出现在2015年的广西。年末城镇人口占全部人口比重平均值是36.56，中位数是35.79，表现出一定的负偏态，即较多省份的年末城镇人口占全部人口比重低于平均水平。最大值出现在2015年的内蒙古，最小值出现在1994年的云南。

第二节 全样本计量检验结果及分析

一、面板数据单位根检验

为了避免虚假回归，在对制度质量、经济发展和环境污染的关系进行实证分析之前，首先对面板数据进行单位根检验。根据一阶自回归系数同异质性假定的不同，常见的面板数据单位根检验可以分为两类：一类假定所有截面单元包括共同的单位根，例如，LLC检验（Levin，Lin & Chu，2002）、HT检验（Harris & E. Tzavalis，1999）、Breitung检验（Breitung，2000；Breitung & Das，2005）以及Hadri检验（Hadri，2000）。前三种检验的原假设均是各截面单位具有相同单位根，而Hadri检验的原假设则是截面单位不存在共同单位根；另一类检验允许不同截面单元拥有不同的单位根，代表性的有IPS检验（Im，Pesaran & Shin，

2003）、Fisher - ADF 检验和 Fisher - PP 检验（Maddala & Wu，1999；Choi，2001）。为了确保结论的稳健性，本书采用LLC检验、HT检验、Breitung检验、IPS检验和Fisher - PP检验进行面板数据序列的平稳性检验，每种检验均采用有截距项和趋势项、只有截距项和既无截距项又无趋势项三种设定，只有当三种设定均不能拒绝原假设即“面板数据存在单位根”时，才认为存在单位根，否则认为数据水平平稳，即I（0）。本书运用Stata12.0软件进行分析，单位根检验结果见表4 - 3。从表4 - 3可以看出，各个变量均水平平稳。

表4 - 3 面板单位根检验

检验方法	模型设定	统计量	EP1	EP2	COR1	COR2	COR3	Y
LLC检验	(c, t)	t*	-4.77***	-0.93	-7.12***	-7.65***	-500***	-2.49***
	(c, 0)	t*	-3.08***	-3.92***	-5.31***	-6.57***	-21.41***	-0.75
	(0, 0)	t*	-3.25***	-4.41***	-5.21***	-7.45***	-14.29***	-2.54***
HT检验	(c, t)	rho	0.48***	0.76	0.35***	0.36***	-0.001***	0.89***
	(c, 0)	rho	0.83	0.88	0.52***	0.60***	0.01***	0.98
	(0, 0)	rho	0.95***	0.96***	0.82***	0.78***	0.09***	0.99***
Breitung检验	(c, t)	lambda	-1.88**	0.89	-5.09***	-4.68***	-0.29	-4.71***
	(c, 0)	lambda	1.05	0.44	-3.26***	-2.01**	-0.13	7.06
	(0, 0)	lambda	-3.22***	-3.84***	-6.57***	-6.95***	-11.69***	0.68
IPS检验	(c, t)	W - t - bar	-2.49***	-2.42***	-6.18***	-6.73***	-160***	-2.27**
	(c, 0)	W - t - bar	-2.26**	-2.06**	-4.56***	-6.28***	-35.56***	-0.62
Fisher-PP检验	(c, t)	P	78.34**	91.57***	149.70***	169.57***	1665.63***	96.79***
		Z	-1.68**	2.91	-5.76***	-6.62***	-37.80***	-5.39***
		L*	-1.76**	-1.92**	-6.56***	-7.71***	-85.55***	-2.22**
		Pm	1.88**	1.92**	8.51***	10.35***	149.26***	3.11***
	(c, 0)	P	78.24**	99.00***	156.31***	189.93***	1371.94***	109.59***
		Z	-1.13	0.22	-6.54***	-7.38***	-33.13***	0.16
		L*	-1.23	0.17	-7.21***	-8.72***	-70.44***	-0.83
		Pm	1.87**	1.83**	9.12***	12.25***	121.99***	4.79***

检验方法	模型设定	统计量	IS	PD	OPEN	EE	URB
LLC检验	(c, t)	t*	-0.45	-2.60***	-3.25***	-1.78**	-2.18**
	(c, 0)	t*	-0.01	-0.05	-5.04***	-2.06**	1.58
	(0, 0)	t*	-3.17***	0.08	-12.23***	-1.91**	-6.81***

续表

检验方法	模型设定	统计量	IS	PD	OPEN	EE	URB
HT检验	(c, t)	rho	0.75***	0.79	0.65	0.56***	0.85
	(c, 0)	rho	0.96	0.98	0.81**	0.85	0.99
	(0, 0)	rho	0.98**	1.00***	0.89***	0.99	0.98**
Breitung检验	(c, t)	lambda	-3.69***	1.30	0.77	-1.34*	4.93
	(c, 0)	lambda	4.01	10.50	4.10	3.06	8.19
	(0, 0)	lambda	-1.95**	-3.49***	-10.28***	-1.77**	-7.28***
IPS检验	(c, t)	W-t-bar	1.08	-1.82**	-3.29***	-1.85**	-7.23***
	(c, 0)	W-t-bar	-3.05***	3.95	-4.84***	5.37	13.03
Fisher-PP检验	(c, t)	P	105.3***	174.9***	94.30***	83.09**	217.9***
		Z	-5.58***	-7.83***	-2.48***	-8.91***	-5.37***
		L*	0.27	1.51	-2.74***	-0.80	3.44
		Pm	7.24***	11.2***	3.37***	2.32***	6.79***
	(c, 0)	P	129.1***	41.83	177.74***	15.93	38.98
		Z	3.92	4.19	-5.96***	5.97	8.91
		L*	3.90	4.33	-7.54***	6.13	9.82
		Pm	-2.68	-1.50	11.11***	-3.90	-1.76

注：(c, t) 表示检验回归式中含截距项和趋势项，(c, 0) 表示只含截距项，(0, 0) 表示既无截距项又无趋势项；滞后阶数的选取根据 AIC 准则确定；为了减轻截面相依的影响，各个检验均做了截面均值扣除的处理；***、**、* 分别表示在 1%、5%、10% 的水平上显著；IPS 和 Fisher-PP 检验在 (0, 0) 的设定下 p 值无法得到，因而没有在表中列出。

二、环境污染的空间自相关检验

在进行空间计量分析之前，首先要确定环境污染是否存在空间依赖性，即是否存在空间自相关。本书从全局空间自相关和局部空间自相关两个方面来研究环境污染在空间上的集聚程度，局部空间自相关可以更进一步研究各省份对自相关的影响程度。全局空间自相关采用 Moran（1950）提出的全局 Moran' I 指数和 Geary（1954）提出的 Geary' C 指数进行分析。其中 Moran' I 的计算公式为：

$$I = \frac{\sum_{i=1}^{n}\sum_{j=1}^{n} w_{ij}(z_i - \bar{z})(z_j - \bar{z})}{S^2 \sum_{i=1}^{n}\sum_{j=1}^{n} w_{ij}}$$

其中，z_i为第 i 个地区的观测值，n 表示截面数，S 表示样本标准差，w_{ij}表示

空间权重矩阵的元素，表示地区 i 和 j 之间的距离。Moran' I 指数取值介于 -1 ~ 1，若 Moran' I 指数大于 0 小于 1 则表示空间正自相关，且越接近 1 正相关性越强；大于 -1 小于 0 表示负自相关，且越接近 -1 负相关性越强；接近 0 则表示在空间上随机分布。Geary' C 指数计算公式为：

$$C = \frac{(n-1)\sum_{i=1}^{n}\sum_{j=1}^{n} w_{ij}(z_i - z_j)^2}{2(\sum_{i=1}^{n}\sum_{j=1}^{n} w_{ij})[\sum_{i=1}^{n}(z_i - \bar{z})^2]}$$

与 Moran' I 指数不同的是，Geary' C 指数的核心部分是 $(z_i - z_j)^2$。因此，该指数取值介于 0 ~ 2，大于 1 小于 2 则表示空间负自相关，大于 0 小于 1 表示正自相关，接近 1 则表示在空间上随机分布，因此，这两种指数呈相反方向变动。本书利用这两种指数和地理距离权重矩阵 W_D 对 1994 ~ 2015 年两种污染物的空间相关性进行分析，结果见表 4 -4。

从表 4 -4 可以看出，无论采用 Moran' I 指数还是 Geary' C 指数，人均工业废气和人均工业废水在各年均表现出空间正相关，且至少在 10% 的水平上显著。表明在考察期内我国污染排放呈现空间集聚的特征：高污染地区与高污染地区相邻近，低污染地区与低污染地区相邻近。

表 4 -4　EP1、EP2 空间相关性结果

年份	EP1		EP2	
	Moran' I	Geary's C	Moran' I	Geary's C
1994	0. 131***	0. 832***	0. 158***	0. 820***
1995	0. 140***	0. 820***	0. 149**	0. 834***
1996	0. 128***	0. 841***	0. 163***	0. 909***
1997	0. 156***	0. 822***	0. 142**	0. 832***
1998	0. 130***	0. 850***	0. 137**	0. 841***
1999	0. 147***	0. 871***	0. 150**	0. 819**
2000	0. 109***	0. 873***	0. 162***	0. 800**
2001	0. 127***	0. 866***	0. 173***	0. 804**
2002	0. 126***	0. 868***	0. 165***	0. 805**
2003	0. 136***	0. 856***	0. 047**	0. 817*
2004	0. 096***	0. 883***	0. 043**	0. 821***
2005	0. 126***	0. 856***	0. 124***	0. 883***
2006	0. 123***	0. 859***	0. 105***	0. 866***

续表

年份	EP1		EP2	
	Moran' I	Geary's C	Moran' I	Geary's C
2007	0.114***	0.820***	0.121***	0.872***
2008	0.092***	0.819***	0.128***	0.883***
2009	0.110***	0.818***	0.115***	0.875***
2010	0.165***	0.853**	0.132***	0.895***
2011	0.158**	0.828*	0.105***	0.870***
2012	0.131**	0.838**	0.107***	0.881***
2013	0.122**	0.853**	0.121***	0.864***
2014	0.127**	0.833**	0.113***	0.879***
2015	0.043*	0.820*	0.125***	0.871**

注：***、**、*分别表示在1%、5%、10%的水平上显著。

由于 Moran' I 指数较 Geary' C 指数对局部空间自相关更为敏感，因此，在分析局部空间自相关时，本书仅采用局部 Moran' I 指数并结合散点图来直观反映环境污染的集聚情况，Moran' I 散点图将各省份的环境污染集聚分为四个象限：第一象限（HH）表示高污染排放地区与高污染排放地区相邻近；第三象限（LL）表示低污染排放地区与低污染排放地区相邻近；第二象限（LH）和第四象限（HL）表示高污染排放地区与低污染排放地区相邻近。因此，第一、第三象限对应空间正自相关，第二、第四象限对应空间负自相关。本书计算了 1994 年和 2015 年人均工业废气（EP1）的局部 Moran' I 指数，散点图见图 4-1 和图 4-2，其中空间权重仍然采用地理距离权重矩阵W_D。

从图 4-1 和图 4-2 可以看出，1994 年和 2015 年大部分散点都位于第一和第三象限，其中 1994 年有 11 个省市区位于第一象限，分别是北京、天津、河北、山西、内蒙古、辽宁、吉林、黑龙江、甘肃、宁夏和新疆；有 11 个省市区位于第三象限，分别是江苏、安徽、福建、江西、湖北、湖南、广西、海南、四川（重庆）、贵州和云南，总体而言，1994 年位于第一、第三象限的省市区共 22 个，占全部考察对象的 75.8%。2015 年有 10 个省市区位于第一象限，分别是河北、山西、内蒙古、上海、安徽、山东、甘肃、青海、宁夏、新疆；有 8 个省市区位于第三象限，分别是福建、江西、湖北、湖南、广东、广西、海南和云南，

总体而言，2015 年位于第一、第三象限的省市区共 18 个，占全部考察对象的 62%。这进一步表明环境污染在空间上具有明显的正相关性，某一地区的污染排放会显著影响邻近地区的环境质量。

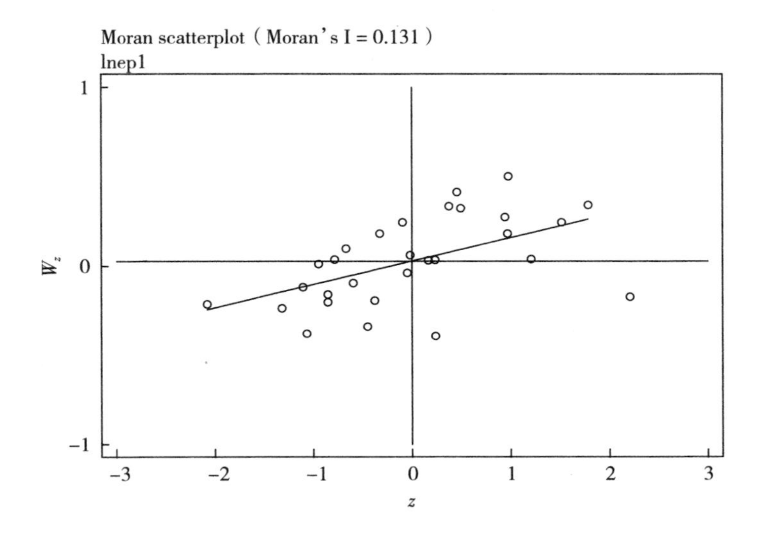

图 4－1　1994 年人均工业废气 Moran' I 散点图

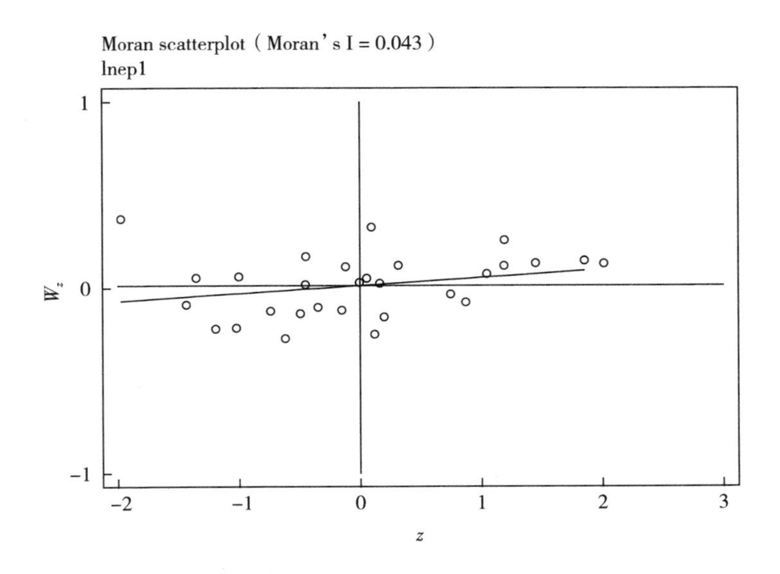

图 4－2　2015 年人均工业废气 Moran' I 散点图

三、全样本实证结果及分析

由于空间滞后变量存在内生性问题，如果采用传统OLS方法估计空间计量模型会使结果发生偏误，因此，本书采用最大似然估计法（MLE）来估计模型中的各个参数。Hausman检验表明，固定效应模型优于随机效应，且比较LM和LM Robust统计量可以发现，LM Lag和LM Lag（Robust）统计值至少在5%的水平上显著，而LM Error和LM Error（Robust）统计值均未通过显著性检验，根据Anselin等（1996）提出的空间模型形式判别准则，空间滞后模型（SLM）是合适的空间模型形式。计量检验结果见表4－5。

表4－5　制度质量对环境污染影响的空间计量结果

解释变量	EP1			EP2		
	(1)	(2)	(3)	(4)	(5)	(6)
COR1	0.73*** (0.32)	0.64*** (0.32)	0.69*** (0.32)	1.35*** (0.39)	1.58*** (0.40)	1.59*** (0.40)
Y	1.62*** (0.24)	1.61*** (0.22)	1.65*** (0.23)	0.51* (0.16)	0.25** (0.16)	0.33** (0.16)
Y^2	-0.04*** (0.01)	-0.04*** (0.01)	-0.04*** (0.01)	-0.03*** (0.04)	-0.02*** (0.04)	-0.03*** (0.04)
IS	0.01*** (0.01)	0.01*** (0.01)	0.01*** (0.01)	0.01*** (0.02)	0.01** (0.01)	0.01*** (0.01)
PD	-0.47*** (0.15)	-0.37** (0.14)	-0.32** (0.14)	-0.77*** (0.18)	-0.60*** (0.18)	-0.65*** (0.18)
OPEN	0.01** (0.01)	0.01** (0.01)	0.01*** (0.01)	0.01** (0.01)	0.01** (0.01)	0.01* (0.01)
EE	0.73*** (0.05)	0.73*** (0.05)	0.73*** (0.05)	0.87*** (0.07)	0.77*** (0.07)	0.79*** (0.07)
URB	0.02*** (0.01)	0.02*** (0.01)	0.02*** (0.01)	0.01** (0.01)	0.01* (0.01)	0.01* (0.01)
ρ	0.28*** (0.05)	0.22*** (0.04)	0.18*** (0.03)	0.59** (0.11)	0.16** (0.06)	0.04** (0.05)
R^2	0.78	0.80	0.82	0.75	0.77	0.76
LM Lag	359***	15***	34.9***	5.45**	4.61**	3.32**
LM Lag（Robust）	357***	15***	34.8***	5.51**	4.56**	3.28**

续表

解释变量	EP1			EP2		
	(1)	(2)	(3)	(4)	(5)	(6)
LM Error	1.91	0.05	0.11	0.01	0.05	0.04
LM Error (Robust)	0.17	0.01	0.01	0.07	0.01	0.01
权重类型	W_D	W_E	W_M	W_D	W_E	W_M
样本数	638	638	638	638	638	638

注：***、**、*分别表示在1%、5%、10%的水平上显著；括号内为标准差；W_D、W_E和W_M分别表示地理距离权重矩阵、经济距离权重矩阵和混合权重矩阵。

在表4-5中，回归方程（1）~方程（6）汇报了全样本29个省市区制度质量对环境污染影响的估计结果。具体来看，模型（1）分析了基于地理距离权重的各省份制度质量对环境污染的影响。使用人均工业废气排放量（EP1）这一环境污染指标作为被解释变量，制度质量指标（单位公职人员职务犯罪案件立案数，COR1）作为关键解释变量，经济发展水平（Y）及平方项、产业结构（IS）、人口密度（PD）、对外开放度（OPEN）等作为控制变量。结果表明，空间滞后系数ρ为正且在1%的水平上显著，表明污染排放存在空间正自相关。制度质量系数为0.73且在1%的水平上显著，即制度质量弱化水平的上升会促进污染排放，与理论分析结果一致。

模型（2）分析了基于经济距离权重的各省份制度质量对环境污染的影响。使用人均工业废气排放量（EP1）这一环境污染指标作为被解释变量，制度质量指标（单位公职人员职务犯罪案件立案数，COR1）作为关键解释变量，经济发展水平（Y）及平方项、产业结构（IS）、人口密度（PD）、对外开放度（OPEN）等作为控制变量。结果表明，空间滞后系数ρ为正且在1%的水平上显著，表明污染排放存在空间正自相关。制度质量系数为0.64且在1%的水平上显著，即制度质量弱化水平的上升会促进污染排放，与理论分析结果一致。

模型（3）分析了基于混合权重的各省份制度质量对环境污染的影响。使用人均工业废气排放量（EP1）这一环境污染指标作为被解释变量，制度质量指标（单位公职人员职务犯罪案件立案数，COR1）作为关键解释变量，经济发展水平（Y）及平方项、产业结构（IS）、人口密度（PD）、对外开放度（OPEN）等作为控制变量。结果表明，空间滞后系数ρ为正且在1%的水平上显著，表明污染排放存在空间正自相关。制度质量系数为0.69且在1%的水平上显著，即制度质量弱化水平的上升会促进污染排放，与理论分析结果一致。

模型（4）分析了基于地理距离权重的各省份制度质量对环境污染的影响。

使用人均工业废水排放量（EP2）这一环境污染指标作为被解释变量，制度质量指标（单位公职人员职务犯罪案件立案数，COR1）作为关键解释变量，经济发展水平（Y）及平方项、产业结构（IS）、人口密度（PD）、对外开放度（OPEN）等作为控制变量。结果表明，空间滞后系数ρ为正且在5%的水平上显著，表明污染排放存在空间正自相关。制度质量系数为1.35且在1%的水平上显著，即制度质量弱化水平的上升会促进污染排放，与理论分析结果一致。

模型（5）分析了基于经济距离权重的各省份制度质量对环境污染的影响。使用人均工业废水排放量（EP2）这一环境污染指标作为被解释变量，制度质量指标（单位公职人员职务犯罪案件立案数，COR1）作为关键解释变量，经济发展水平（Y）及平方项、产业结构（IS）、人口密度（PD）、对外开放度（OPEN）等作为控制变量。结果表明，空间滞后系数ρ为正且在5%的水平上显著，表明污染排放存在空间正自相关。制度质量系数为1.58且在1%的水平上显著，即制度质量弱化水平的上升会促进污染排放，与理论分析结果一致。

模型（6）分析了基于混合权重的各省份制度质量对环境污染的影响。使用人均工业废水排放量（EP2）这一环境污染指标作为被解释变量，制度质量指标（单位公职人员职务犯罪案件立案数，COR1）作为关键解释变量，经济发展水平（Y）及平方项、产业结构（IS）、人口密度（PD）、对外开放度（OPEN）等作为控制变量。结果表明，空间滞后系数ρ为正且在5%的水平上显著，表明污染排放存在空间正自相关。制度质量系数为1.59且在1%的水平上显著，即制度质量弱化水平的上升会促进污染排放，与理论分析结果一致。

综合以上分析可以发现，环境污染指标无论是采用人均工业废气排放量（EP1）还是人均工业废水排放量（EP2），空间权重矩阵无论是采用地理距离权重W_D、经济距离权重W_E还是混合权重W_M，空间滞后系数均显著为正，表明地区间的污染排放在空间上具有显著的外溢性和空间效应，高污染地区往往与其他高污染地区相邻近，低污染地区与其他低污染地区相邻近。制度质量指标均显著为正，表明制度质量通过弱化环境规制执行力度或扭曲环境政策增加了企业的实际污染排放，与理论分析结果一致，也与Cole（2007）、Leitao（2010）和Welsch（2004）等的研究结论一致。当污染企业向环保官员行贿以减弱环境规制执行力度时，原来因为生产技术水平低、不符合环境规制标准不能开工生产的企业就可以进行生产，这将导致社会总产出增加，也会导致社会产出的平均污染强度上升；原来采用清洁生产技术和先进减排设备的企业，通过贿赂环保官员换用污染生产技术、停用减排设备，因为与官员的合谋行为使其可以完全避免或少缴环境成本费，相较于原来使用清洁生产技术可以带来更大的利润，而这些结果最终导致污染总排放上升。进一步比较可发现，当人均工业废气排放量作为环境指

标时，制度质量的系数小于人均工业废水排放量作为环境指标时的系数，这表明相较于工业废气排放企业，工业废水排放企业对制度质量弱化程度更敏感，更愿意通过贿赂环保官员来降低环境监管力度并超额排放污染物。$\beta_2>0$、$\beta_3<0$，即经济发展水平一次项显著为正且二次项显著为负，说明经济发展和环境污染之间存在倒U型关系，环境库兹涅茨曲线在我国存在。其原因是，在经济发展的初期，人们更重视经济增长与物质生活的改善，往往忽视了对环境的保护，当发展达到一定的阶段后，人们环保意识的增强、经济结构的不断升级、环保技术的进步以及污染资金的积累使污染排放随经济发展而下降。

在其他控制变量中，产业结构（IS）的系数为正并至少在5%的水平上显著，与预期一致，表明产业结构是影响污染排放的重要因素，且第二产业在国民经济中占比越高环境污染越严重，这是因为第二产业尤其是制造业中诸如纺织业、造纸和纸制品业、化学原料和化学制品制造业等都属于重污染行业，会严重损害环境质量。人口密度（PD）的系数为负并至少在5%的水平上显著，与预期不一致。通常认为，人口密集的地方产品市场需求大，相应的工业企业也多，因此，污染较为严重。但与此同时人口多的地区环境压力大，民众的环境诉求也较强，进而形成对环境规制的强化作用，因此，没有使当地的环境进一步恶化。对外开放度（OPEN）的系数为正并至少在10%的水平上显著，表明对外贸易会恶化环境，相较于发达国家，我国在污染密集型产品上具有比较优势，对外贸易的扩大将增加污染密集型产品的生产规模，进而导致污染排放上升。能源效率（EE）的系数为正并至少在1%的水平上显著，表明能源效率的提高促进了污染排放，这与人们的直观认识相悖。一般认为，能源效率的提高会直接降低单位产值的能源消耗，进而降低环境污染，但能源效率的提高意味着相同数量的能源可以生产出更多的产品，或生产相同数量的产品只需消耗更低数量的能源，这将降低能源的市场价格与企业的单位生产成本，进而引发生产者和消费者消耗更多的能源产品，这一现象在经济学中称为能源回弹效应（Rebound Effect）。如果这一消费增加量超过了能源效率提高带来的能源节约，那么能源效率的提高就会造成更多的污染。城镇化率（URB）的系数为正并至少在10%的水平上显著，表明城镇化进程会带来更多的污染排放。这是因为城市化进程中城镇建设与居民生活（如机动车排放）都会产生大量的污染。

四、稳健性检验

为了确保实证结果的稳健性，本书进行了如下稳健性检验：第一，除了采用地理距离权重矩阵之外，还采用经济距离权重矩阵和混合权重矩阵，环境污染指标除了采用工业废气排放之外，还采用工业废水排放，以检验实证结果对不同权重矩阵和污染指标的稳健性，这一分析的结果见表4－5。从上文的分析可知，同一污染指标不同权重矩阵下制度质量的系数符号均是相同的，系数估计值也只有较小的差异；在不同污染指标下制度质量变量的系数也均是相同的，这表明实证结果具有稳健性。第二，除了使用单位公职人员职务犯罪案件立案数来衡量制度质量弱化水平之外，还使用各省份单位人口职务犯罪案件立案数和各省份公职人员中女性人员占比分别作为制度质量弱化的替代变量来检验制度质量对环境污染的影响，其检验结果分别如表4－6和表4－7所示。

表4－6　制度质量对环境污染影响的稳健性检验（a）

解释变量	EP1			EP2		
	(1)	(2)	(3)	(4)	(5)	(6)
COR2	0.84*** (0.31)	0.53* (0.31)	0.61** (0.31)	1.38*** (0.38)	1.64*** (0.38)	1.67*** (0.38)
Y	1.58*** (0.23)	1.58*** (0.22)	1.62*** (0.23)	0.56** (0.26)	0.31** (0.27)	0.38** (0.27)
Y^2	−0.04*** (0.01)	−0.04** (0.01)	−0.04** (0.01)	−0.04*** (0.01)	−0.02** (0.01)	0.03** (0.01)
IS	0.01* (0.01)	0.01* (0.01)	0.01* (0.01)	0.01*** (0.01)	0.01** (0.01)	0.01*** (0.01)
PD	−0.49*** (0.14)	−0.38*** (0.13)	−0.33** (0.13)	−0.81*** (0.17)	−0.64*** (0.17)	−0.69*** (0.17)
OPEN	0.01*** (0.01)	0.01** (0.01)	0.01** (0.01)	0.01** (0.01)	0.01** (0.01)	0.01** (0.01)
EE	0.71*** (0.05)	0.72*** (0.05)	0.71*** (0.05)	0.85 (0.01)	0.74*** (0.07)	0.76*** (0.07)
URB	0.02*** (0.01)	0.02*** (0.01)	0.02*** (0.01)	0.01** (0.01)	0.01* (0.01)	0.01* (0.01)
ρ	0.29*** (0.05)	0.22*** (0.04)	0.18*** (0.03)	0.55*** (0.11)	0.16*** (0.06)	0.04* (0.05)
R^2	0.73	0.77	0.72	0.81	0.88	0.86
权重类型	W_D	W_E	W_M	W_D	W_E	W_M
样本数	638	638	638	638	638	638

注：***、**、*分别表示在1%、5%、10%的水平上显著；括号内为标准差；W_D、W_E和W_M分别表示地理距离权重矩阵、经济距离权重矩阵和混合权重矩阵。

表4-7　制度质量对环境污染影响的稳健性检验（b）

解释变量	EP1			EP2		
	(1)	(2)	(3)	(4)	(5)	(6)
COR3	-0.04** (0.02)	-0.04** (0.02)	-0.04*** (0.02)	-0.02*** (0.02)	-0.01** (0.02)	-0.01*** (0.02)
Y	1.68*** (0.22)	1.66*** (0.22)	1.69*** (0.22)	0.47* (0.26)	0.15 (0.27)	0.22 (0.27)
Y^2	-0.04*** (0.01)	-0.04*** (0.01)	-0.04*** (0.01)	-0.03*** (0.01)	-0.01 (0.01)	-0.02* (0.01)
IS	0.01*** (0.01)	0.01*** (0.01)	0.01*** (0.01)	0.01*** (0.01)	0.01*** (0.01)	0.01*** (0.01)
PD	-0.65*** (0.13)	-0.51*** (0.13)	-0.45*** (0.13)	-1.18*** (0.16)	-1.05*** (0.16)	-1.11*** (0.16)
OPEN	0.01* (0.01)	0.01* (0.01)	0.01* (0.01)	0.01* (0.01)	0.01* (0.01)	0.01* (0.01)
EE	0.73*** (0.05)	0.73*** (0.05)	0.72*** (0.05)	0.87*** (0.07)	0.76*** (0.07)	0.78*** (0.07)
URB	0.02*** (0.01)	0.02*** (0.01)	0.02*** (0.01)	0.01 (0.01)	0.01 (0.01)	0.01 (0.01)
ρ	0.27*** (0.05)	0.22*** (0.04)	0.19*** (0.03)	0.67*** (0.11)	0.15** (0.06)	0.03** (0.05)
R^2	0.79	0.77	0.84	0.87	0.81	0.87
权重类型	W_D	W_E	W_M	W_D	W_E	W_M
样本数	638	638	638	638	638	638

注：***、**、*分别表示在1%、5%、10%的水平上显著；括号内为标准差；W_D、W_E和W_M分别表示地理距离权重矩阵、经济距离权重矩阵和混合权重矩阵。

从表4-6和表4-7可以看出，当用各省份单位人口职务犯罪案件立案数作为制度质量弱化指标时，制度质量系数为正且至少在10%的水平上显著；当用各省份公职人员中女性人员占比作为制度质量弱化的替代变量时，制度质量的系数为负且至少在5%的水平上显著，均与预期一致，表明制度质量水平的上升会增加污染排放。在控制变量中，经济发展水平一次项系数为正，二次项系数为负，表明污染排放和经济增长之间存在倒U型关系。产业结构、对外开放度、能源效率和城镇化率的上升均会促进污染排放，而人口密集度与环境污染呈负相关。以上结果说明表4－6和表4－7关键解释变量和控制变量的估计结果与表4－5基本一致，只是显著性稍有变化，进一步证明了实证结果的稳健性。

第三节　分地区样本计量检验结果及分析

我国东中西部地区在经济发展水平和市场化程度等方面差异显著，这可能会对制度质量的环境后果产生影响。因此，本书将全部省份分为东、中、西部三大区域，探讨不同样本制度质量对环境污染影响的差异。在进行实证分析之前，仍要结合Hausman检验和LM检验确定空间计量模型的具体形式，结果发现，东中西部地区均适用固定效应的空间滞后模型。计量结果见表4－8，其中各个模型均采用地理距离矩阵W_D作为权重矩阵。

具体来看，模型（1）分析了东部地区各省份制度质量对环境污染的影响。使用人均工业废气排放量（EP1）这一环境污染指标作为被解释变量，制度质量指标（单位公职人员职务犯罪案件立案数，COR1）作为关键解释变量，经济发展水平（Y）及平方项、产业结构（IS）、人口密度（PD）、对外开放度（OPEN）等作为控制变量。结果表明，空间滞后系数为正且在10%的水平上显著，表明污染排放存在空间正自相关。制度质量系数为0.08且在10%的水平上显著，即制度质量弱化水平的上升会促进污染排放。

表4－8　不同地区空间计量检验结果

解释变量	东部		中部		西部	
	EP1	EP2	EP1	EP2	EP1	EP2
	(1)	(2)	(3)	(4)	(5)	(6)
COR1	0.08* (0.61)	1.10*** (0.74)	1.3** (0.65)	2.41*** (0.81)	0.85** (0.64)	1.43** (0.79)
Y	1.08** (0.54)	0.36*** (0.67)	0.32** (0.44)	2.44*** (0.59)	1.81*** (0.42)	0.44** (0.46)
Y^2	−0.01** (0.02)	−0.02** (0.03)	−0.04* (0.02)	−0.13*** (0.03)	−0.05** (0.02)	−0.03** (0.02)
IS	0.01 (0.01)	0.01 (0.01)	0.01*** (0.01)	0.01*** (0.00)	0.01** (0.00)	0.01** (0.00)

续表

解释变量	东部		中部		西部	
	EP1	EP2	EP1	EP2	EP1	EP2
	(1)	(2)	(3)	(4)	(5)	(6)
PD	-0.89*** (0.24)	-0.89*** (0.28)	-0.44 (0.41)	-1.69* (0.51)	-0.61* (0.32)	-0.41 (0.39)
OPEN	0.01** (0.01)	0.01** (0.01)	0.01** (0.01)	0.01*** (0.01)	0.01** (0.01)	0.01** (0.01)
EE	0.61*** (0.09)	0.67*** (0.12)	0.18* (0.10)	0.36*** (0.12)	0.71*** (0.11)	0.88*** (0.14)
URB	0.02*** (0.01)	0.01 (0.01)	0.02*** (0.01)	0.01 (0.01)	0.01 (0.01)	0.01 (0.01)
ρ	0.06* (0.07)	0.53*** (0.11)	0.28*** (0.08)	0.22** (0.10)	0.34*** (0.07)	0.47*** (0.13)
R^2	0.69	0.77	0.77	0.81	0.78	0.81
权重类型	W_D	W_D	W_D	W_D	W_D	W_D
样本数	242	242	176	176	220	220

注：***、**、*分别表示在1%、5%、10%的水平上显著；括号内为标准差。

模型（2）分析了东部地区各省份制度质量对环境污染的影响。使用人均工业废水排放量（EP2）这一环境污染指标作为被解释变量，制度质量指标（单位公职人员职务犯罪案件立案数，COR1）作为关键解释变量，经济发展水平（Y）及平方项、产业结构（IS）、人口密度（PD）、对外开放度（OPEN）等作为控制变量。结果表明，空间滞后系数为正且在1%的水平上显著，表明污染排放存在空间正自相关。制度质量系数为1.1且在1%的水平上显著，即制度质量弱化水平的上升会促进污染排放。

模型（3）分析了中部地区各省份制度质量对环境污染的影响。使用人均工业废气排放量（EP1）这一环境污染指标作为被解释变量，制度质量指标（单位公职人员职务犯罪案件立案数，COR1）作为关键解释变量，经济发展水平（Y）及平方项、产业结构（IS）、人口密度（PD）、对外开放度（OPEN）等作为控制变量。结果表明，空间滞后系数为正且在1%的水平上显著，表明污染排放存在空间正自相关。制度质量系数为1.3，且在5%的水平上显著，即制度质量弱化水平的上升会促进污染排放。

模型（4）分析了东部地区各省份制度质量对环境污染的影响。使用人均工业废水排放量（EP2）这一环境污染指标作为被解释变量，制度质量指标（单位公职人员职务犯罪案件立案数，COR1）作为关键解释变量，经济发展水平（Y）及平方项、产业结构（IS）、人口密度（PD）、对外开放度（OPEN）等作为控制变量。结果表明，空间滞后系数为正且在5%的水平上显著，表明污染排放存在空间正自相关。制度质量系数为2.41且在1%的水平上显著，即制度质量弱化水平的上升会促进污染排放。

模型（5）分析了西部地区各省份制度质量对环境污染的影响。使用人均工业废气排放量（EP1）这一环境污染指标作为被解释变量，制度质量指标（单位公职人员职务犯罪案件立案数，COR1）作为关键解释变量，经济发展水平（Y）及平方项、产业结构（IS）、人口密度（PD）、对外开放度（OPEN）等作为控制变量。结果表明，空间滞后系数为正且在1%的水平上显著，表明污染排放存在空间正自相关。制度质量系数为0.85，且在5%的水平上显著，即制度质量弱化水平的上升会促进污染排放。

模型（6）分析了西部地区各省份制度质量对环境污染的影响。使用人均工业废水排放量（EP2）这一环境污染指标作为被解释变量，制度质量指标（单位公职人员职务犯罪案件立案数，COR1）作为关键解释变量，经济发展水平（Y）及平方项、产业结构（IS）、人口密度（PD）、对外开放度（OPEN）等作为控制变量。结果表明，空间滞后系数为正且在1%的水平上显著，表明污染排放存在空间正自相关。制度质量系数为1.43且在5%的水平上显著，即制度质量弱化水平的上升会促进污染排放。

综合以上分析可以发现，环境污染指标无论是采用人均工业废气排放量（EP1）还是人均工业废水排放量（EP2），模型（1）~模型（6）的空间滞后系数均显著为正，表明东中西各个地区之内各省份间的污染排放在空间上均具有显著的外溢性和空间效应。制度质量指标均显著为正，表明制度质量增加了企业的实际污染排放，与理论模型预测一致。进一步比较可发现，东中西各个地区工业废水回归方程（即模型（2）、模型（4）和模型（6））的制度质量系数估计值均高于工业废气回归方程（即模型（1）、模型（3）和模型（5）），表明工业废水排放企业对制度质量弱化程度更敏感，与全样本检验结果一致。东部地区工业废气和工业废水回归方程的制度质量系数均低于中部和西部地区，表明东部地区制度质量对污染排放的促进作用低于中西部地区，这可能是出于以下几点原因：第一，通过拉拢主管人员降低环境规制执行力度的企业往往是因为生产技术或治污技术水平较低，达不到国家规定的排放标准，只有通过拉拢主管人员才能开展生产。相较于中西部地区，东部地区经济发展水平高，企业生产技术和污染技术也较高，在相同的环境规制水平下，有更高比例的企业排放能达到环境规制标

准，无须通过拉拢贿环保官员来进行生产，因此，制度质量弱化水平的上升对东部地区企业影响相对较小。第二，制度质量弱化对东部地区 FDI 的负面影响大于中西部地区。营商环境是 FDI 区位选择时的一个重要考量因素，制度质量弱化的上升会损害公平、公正的营商环境，进而不利于国外资本对我国的投资，从地区分布来看，外商直接投资主要分布在我国东部地区，2015 年我国东部地区实际利用外商直接投资占全国实际利用外资的 65.8%①，因此，制度质量弱化水平的上升对东部地区 FDI 的绝对影响远高于中西部地区。但从上文可知，国外资本在中国进行投资的主要目的是规避本国严格的环境规制，将高污染产业转移至我国，因此，制度质量弱化对 FDI 的负面影响反而有利于环境质量，而且东部地区的减排效果强于中西部地区。第三，相较于中西部地区，东部地区居民人均收入水平更高，环保诉求更高。由于我国经济东中西部之间发展极为不均衡，当东部地区某些省份人均收入已经达到发达国家水平时，中西部很多地区仍然非常落后贫穷，这些地区居民的主要精力都在改善物质生活水平上，环境保护处于次要地位，环保意识十分淡薄，很少监督举报本地区高污染企业与主管部门串谋超标排污的行为，因此，环保主管人员被拉拢时面临的社会压力较小。而东部地区居民收入水平较高，逐步开始关注生存的自然环境，并且自发形成民间环保组织，对污染企业偷排、超排行为的监督意识比较强烈，当环保主管人员与污染企业共谋时就必须顾及未来可能面临的社会压力，即使对环境规制的实际执行力度也高于中西部地区。第四，东部地区市场化程度高，制度质量弱化增加对资源配置的扭曲效应小。通过拉拢主管人员才能开展生产活动的企业是很难独立生存的，这类企业会导致要素市场扭曲，而最新的一系列研究表明，资源错配会通过抑制技术进步和产业结构升级、降低能源效率等机制加剧污染排放。东部地区由于市场化程度高，资源配置主要依靠市场机制，制度质量弱化增加对资源配置的扭曲效应小，因而造成的环境污染也较小。

在控制变量中，经济发展水平 Y 的系数为正并至少在 5% 的水平上显著，表明经济增长会促进污染排放；二次项 Y^2 的系数为负并至少在 10% 的水平上显著，表明当经济发展进入较高水平时，经济增长会抑制污染排放，即经济增长和环境污染之间存在倒 U 型关系。产业结构（IS）的系数在各个回归方程中均为正，但在东部地区方程中不显著，这可能是因为东部地区经济已经发展至较高阶段，并将污染密集型和自然资源密集型产业转移至中西部地区，导致东部地区第二产业以资本密集型和技术密集型为主，因此，第二产业占 GDP 的比重上升并不能显著促进污染排放。虽然人口密度（PD）系数均为负，但中西部地区显著性较低，

① 资料来源于《中国统计年鉴》。

这是因为中西部地区民众环保诉求低，对环境规制的强化作用不明显。对外开放度（OPEN）、能源效率（EE）和城镇化率（URB）系数均为正，与全样本实证结果基本一致。

第四节 本章小结

基于制度质量影响环境污染的作用机理，本章利用1994～2015年中国省际面板数据和空间计量模型实证研究了地方政府制度质量弱化对环境污染的影响，并进一步分析了东中西不同区域制度质量弱化对环境污染影响的差异。实证结果表明：①环境污染指标无论是采用人均工业废气排放量还是人均工业废水排放量，空间权重矩阵无论是采用地理距离权重、经济距离权重还是混合权重，制度质量指标均显著为正，表明制度质量通过弱化环境规制执行力度或扭曲环境政策增加了企业的实际污染排放，证实了理论模型的结论；②当人均工业废气排放量作为环境指标时，制度质量的系数小于人均工业废水排放量作为环境指标时的系数，这表明相较于工业废气排放企业，工业废水排放企业对制度质量弱化程度更敏感，更愿意通过拉拢主管人员来降低环境监管力度并超额排放污染物；③不同区域制度质量弱化对环境污染的影响存在差异，东部地区工业废气和工业废水回归方程的制度质量系数均低于中部和西部地区，表明东部地区制度质量对污染排放的促进作用低于中西部地区，这可能是因为东部地区经济发展水平和市场化程度更高；④各个模型的空间滞后系数均显著为正，表明地区间的污染排放在空间上具有显著的空间外溢效应。

第五章　制度质量、隐性经济和环境污染

第一节　隐性经济和环境污染

从第三章可知，制度质量的增加通过弱化环境规制实际执行力度导致环境污染上升。除了这一直接机制之外，制度质量还可能通过其他机制增加污染排放。从以往的文献可以发现，主要有隐性经济机制、收入分配机制、政府支出结构和效率机制等。本章主要探讨隐性经济对污染排放的作用是否受制度质量影响。

隐性经济（Hidden Economy）又称影子经济（Shadow Economy）、地下经济或非官方经济。隐性经济最常见的定义是“所有未被官方统计的经济活动”（Schneider，1994；Feige，1994；Frey & Pommerehne，1984）。Smith（1994）将其定义为“所有逃脱于官方 GDP 统计之外的由市场生产的合法或非法的产品或服务”。Del'Anno 和 Schneider（2004）将其定义为“隐性经济包括所有规避政府监管的经济活动及其收入”。杨灿明、孙群力（2010）认为，隐性经济是“所有出于规避政府规制或税收目的的经济活动及相应的收入”。从上述定义可发现，广义的隐性经济不仅包括合法经济活动，也包括非法经济活动。合法经济活动包括个体经营者的未被统计收入以及其他与合法经济活动相关的未被统计工资和资产；非法经济活动包括赃物交易、毒品生产和交易、赌博、走私和诈骗等，以上经济活动既包括货币交易形式也包括实物交易形式。本书使用较为狭义的隐性经济，即所有为规避缴纳各类政府税收、社会保险缴款和各项规章制度（如用工标准、环境规制）而蓄意隐藏的合法生产活动或服务。可以发现本书定义的隐性经济不包含盗窃、抢劫和贩毒等非法经济活动。

很显然隐性经济与符合政府各项规章制度的官方经济相对应。由于隐性经济

不用遵从政府相关规章制度的约束、可以减少很多成本支出因而在经济体中大量存在。Schneider 等（2010）研究发现，在 1999～2006 年，乌克兰、坦桑尼亚、秘鲁、巴拿马、危地马拉、格鲁吉亚和玻利维亚等国有超过 50% 的 GDP 来自隐性经济，且在被研究的 162 个国家中，有平均 34.5% 的官方 GDP 来自隐性经济活动。刘洪和夏帆（2004）测算中国 1993～2001 年隐性经济占 GDP 的比例在 10%～27%。李永海和孙群力（2016）采用微观收支差异法对我国 1998～2014 年各省份隐性经济规模进行测算，结果发现隐性经济占 GDP 比例在 13%～25%。

因为隐性经济不受政府管制，相关活动造成了很多经济社会问题，环境问题就是其中之一。Blackman（2000）发现，隐性经济活动显著危害环境质量，因为隐性经济涉及很多污染密集型生产过程，例如，皮革鞣制加工、制砖、金属加工、资源开采、低效率交通工具的运输和家庭小作坊生产活动，而这些生产活动并不符合环境规制要求。例如，在手工开采黄金过程中用到的水银都是直接排放到河流中（Dondeyne et al.，2009）。私人小作坊漂白、染色和制革等工艺产生的化学物质也是直接排放（Baksi & Bose，2010）。而隐性运输行业是大多数发展中国家空气污染的主要原因之一。

从现有文献可以发现，几乎没有探讨制度质量弱化对隐性经济和环境污染关系的影响。从直观来看，政府监管越严格，企业私下从事隐性生产活动的可能性越小，而制度质量弱化会弱化政府监管强度，进而扩大隐性经济规模、增加污染排放。为了探究制度质量弱化与隐性经济交互作用对环境污染的影响，本章构建了一个存在正式和非正式生产部门的理论模型，从理论角度分析隐性经济以及其与制度质量弱化交互作用对环境污染的影响；之后利用我国省际层面数据进行了实证分析。

第二节 制度质量和隐性经济影响环境污染理论模型

一、模型基本设定

本章构建一个存在正式和非正式生产部门的动态博弈模型，其中前者与上文中的官方经济相对应，后者与隐性经济相对应。

代表性企业的产出 x 包括正式部门产出和非正式部门产出两部分：$x = x_F + x_I$，其中x_F和x_I分别代表正式部门的产出和非正式部门的产出。这两个部门之间

的根本差别在于正式部门的生产活动符合政府相关规制要求，而非正式部门的生产活动不符合。无论是正式部门还是非正式部门的生产活动均会产生污染和负的环境外部性，因此，政府要对污染排放进行必要的限制。假设当没有减排措施时，每单位产出 x 会产生 1 单位环境污染。假设政府要求的减排率为 $e\in[0,1]$，$e=0$ 意味着没有减排行为，$e=1$ 意味着所有污染物都被回收，没有被排放到自然界。当政府规制得到完全贯彻落实时，每单位产出产生 $1-e$ 单位污染。每单位产出的减排成本是 $a(e)$（$a'>0$ 且 $a''\geqslant0$），生产成本是 $c(x)$（$c'(x)>0$ 且 $c''(x)>0$）。为简化起见将产品的价格标准化为 1。

按照上文的说明显然只有正式部门生产需要进行污染减排处理，减排成本促使企业将正式部门生产活动转移到非正式部门，因为非正式部门生产不需要遵守政府各项制度。但是政府清楚这一行为，因此，会委派相关主管人员对企业生产进行监督。假设企业非正式部门生产活动被政府相关主管人员查处的概率为 p，显然这一概率取决于非正式部门的产出规模x_I，即 $p=p(x_I)$，且 $p'>0$，$p''\geqslant0$，$p(0)=p'(0)=0$，即非正式部门生产规模越大越容易被相关主管人员查处。

与第三章理论模型的假设相同，即不是所有的主管人员都是秉公执法的，有部分主管人员为了实现个人效用最大化而接受相关费用且与企业合谋。在本模型中，假设正式部门和非正式部门生产活动由不同的主管人员监管，监管非正式部门生产活动的主管人员比重为 γ。当企业的非正式部门生产活动被主管人员查处时，企业是否受到处罚取决于主管人员是否接受相关费用与企业合谋。如果主管人员秉公执法，企业将被没收所有非正式产出（x_I），即罚金 $L=x_I$。但是如果主管人员接受相关费用与企业合谋，企业行贿 $L=b_I$就可避免罚金，假设该费用金额由双方商议决定。

除了非正式生产部门以外，我们假设监管企业正式生产部门的主管人员也可能主动收受费用。这是因为主管人员拥有各项审批权，他可能利用手中的权力故意设置障碍，而企业为了顺利取得各类审批许可将不得不支付相关费用。我们假设监管正式部门的主管人员中有 ψ 比例是官员。如果正式生产部门由主管人员监管，那该企业也必须对监管官员行贿，贿赂金额b_F由双方协商决定。

经济活动可由一个两阶段动态博弈来描述。在第一阶段，企业决定正式部门和非正式部门的产出数量并进行生产。在第二阶段，主管人员对企业生产活动进行检查，如果发现企业从事非正式部门生产活动，那该企业将必须缴纳罚金或支付拉拢费用；企业的正式生产部门如果受主管人员监管，为了保证生产活动的正常进行也将向主管人员支付拉拢费用。本书通过逆向归纳法来求解这一博弈。

第一阶段：正式部门和非正式部门的贿赂金额。

假设代表性企业是风险中立型，非正式生产部门被主管人员查处后的预期罚金是：

$$EL=(1-\gamma)\cdot x_I+\gamma\cdot b_I \tag{5-1}$$

非正式生产部门由诚实主管人员监管的概率是$(1-\gamma)$，当其非正式生产活动被查处时，将被处以罚金$L=x_I$；由主管人员监管的概率是γ，在这一情形中，均衡拉拢费用金额b_I由纳什谈判决定。通过向主管人员支付拉拢费用，企业可以避免支付$L=x_I$的罚金，本应支付的罚金由企业和主管人员分享。因此，非正式部门产出的纳什解是：

$$\Omega_I=(x_I-b_I)^{\alpha}\cdot b_I^{1-\alpha} \tag{5-2}$$

其中，α是企业和主管人员谈判时的相对地位①。式（5－2）对b_I求一阶导可得到均衡拉拢费用金额：

$$b_I^*=(1-\alpha)\cdot x_I \tag{5-3}$$

将均衡拉拢费用金额式（5－3）代入式（5－1），则预期罚金成本可以写作：

$$EL(x_I)=(1-\gamma\cdot\alpha)\cdot x_I \tag{5-4}$$

当企业的非正式生产活动被主管人员查处时就要承担该预期罚金，这一事件发生的概率是$p(x_I)$。企业正式部门和主管人员的谈判过程与非正式部门类似。正式部门的产出为x_F，当企业由主管人员监管时，企业的生产成果将和主管人员分享，此时正式部门产出的纳什解就是$\Omega_F=(x_F-b_F)^{\alpha}\cdot b_F^{1-\alpha}$。

因此，正式生产部门均衡拉拢费用金额是：

$$b_F^*=(1-\alpha)\cdot x_F \tag{5-5}$$

第二阶段：正式部门和非正式部门的产出。

企业通过选择总产出x以及在正式部门和非正式部门之间分配产出来获得最大化利润②：

$$\pi=(x_F+x_I)-a(e)\cdot x_F-\psi b_F^*-p(x_I)\cdot EL(x_I)-c(x_F+x_I) \tag{5-6}$$

由于产品价格标准化为1，因此，企业总收入是x_F+x_I，且成本分为四种类型：正式部门减排成本，正式部门和非正式部门生产成本，正式部门的预期拉拢费用，非正式部门生产的预期罚金成本。将式（5－4）中的预期罚金和式（5－5）中的正式部门拉拢费用金额代入式（5－6）并对正式部门和非正式部门产出分别进行求导，可得到：

$$\frac{\partial\pi}{\partial x_F}=1-a(e)-\psi(1-\alpha)-c'(x)=0 \tag{5-7}$$

$$\frac{\partial\pi}{\partial x_I}=1-(1-\gamma\alpha)[p'(x_I)\cdot x_I+p(x_I)]-c'(x)=0 \tag{5-8}$$

① 在本章的模型中，$\alpha=0$表示谈判中主管人员拥有完全话语权，占有全部罚金。

② 在本模型中，我们假设主管人员的谈判地位相对较弱，以保证正式部门和非正式部门的生产活动可以获得超额利润。

结合式（5-7）、式（5-8）可得：

$$(1-\gamma\alpha)[p'(x_I)\cdot x_I+p(x_I)]=a(e)+\psi(1-\alpha) \tag{5-9}$$

利用式（5-7）和式（5-9）可分别求解利润最大化下的企业总产出和非正式部门产出。式（5-7）表明，当正式部门扣除减排和拉拢费用成本的边际收入等于生产的边际成本时，企业取得利润最大化总产出（为了简化起见，我们忽略了所有生产活动都分配在非正式部门的角点解）。式（5-9）表明，在利润最大化下的非正式部门产出在分配给正式部门产出的边际减排和拉拢费用成本等于分配给非正式部门产出的边际预期罚金成本时取得。图5-1说明了这一结果，其中横轴是企业产出，企业的最优产出x^*由企业边际生产成本c'曲线和正式生产部门扣除减排和拉拢费用成本的边际收益曲线（$MB_F=1-a(e)-\psi(1-\alpha)$）的交点决定；非正式部门的最优产出由正式和非正式部门的边际收益曲线MB_F和$MB_I=1-(1-\gamma\alpha)$［$p'(x_I)\cdot x_I+p(x_I)$］的交点决定。

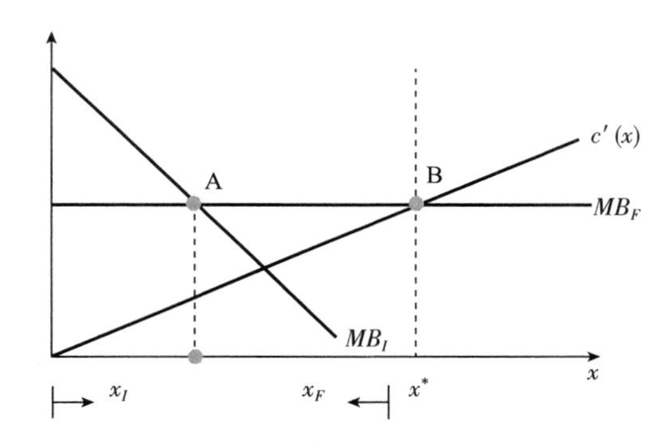

图5-1　正式部门和非正式部门的利润最大化产出

利用上述结果可以分析环境规制变化对企业产出的影响。式（5-7）和（5-9）对环境规制进行求导得到：

$$\frac{\mathrm{d}x^*}{\mathrm{d}e}=-\frac{a'}{c''(x^*)}<0 \tag{5-10}$$

$$\frac{\mathrm{d}x_I}{\mathrm{d}e}=\frac{a}{(1-\gamma\alpha)[p''(x_I)\cdot x_I+2p'(x_I)]}>0 \tag{5-11}$$

式（5-10）和式（5-11）表明，环境规制更加严格对正式部门和非正式部门生产有两种相反的影响。当环境规制政策更趋严格时，总产出（x^*）下降且非正式产出上升，因此，正式部门的产出一定下降，直观来看，这是因为环境规制水平的上升增加了正式部门的减排成本，使企业将正式部门生产活动转移至非正式部门的激励增加。在图5-1中，更严格的环境规制等价于MB_F曲线向下移动，因此，A 点左移而 B 点右移，即正式部门经济产出下降、非正式部门经济生产活动增加。

二、制度质量对隐性经济规模的影响

上述结果也可用来分析制度质量弱化对企业产出的影响。

第一，制度质量弱化会降低非正式部门的预期罚金。假设监管非正式部门的主管人员和企业非正式部门之间按照上文的谈判结果进行利益分配，那么当主管人员的比例上升时，企业非正式部门组织生产的预期罚金成本（式（5-4））就会减少，这等价于政府对非正式部门的监管力度下降，因此，企业将正式部门生产活动转移到非正式部门的激励上升。式（5-9）对监管非正式部门官员比例 γ 求导得到：

$$\frac{d x_I}{d\gamma}=\frac{a[p'(x_I)\cdot x_I+p(x_I)]}{(1-\gamma\alpha)[p''(x_I)\cdot x_I+2p'(x_I)]}>0 \tag{5-12}$$

从式（5-12）可以发现，监管非正式部门中官员比例的上升会扩大隐性经济规模。但由式（5-7）和式（5-9）可知企业最优总产出 x^* 不受监管非正式部门制度质量弱化程度的影响，因此，正式部门产出的下降等于非正式部门产出的增加。

第二，制度质量弱化上升会增加正式部门的总成本。当监管正式部门的官员占比 ψ 上升时，正式部门的预期拉拢费用金额和总成本增加，因此企业将正式部门生产活动转移到非正式部门的激励上升。方程式（5-9）对监管正式部门官员比例 ψ 求导得到：

$$\frac{d x_I}{d\psi}=\frac{1-\alpha}{(1-\gamma\alpha)[p''(x_I)\cdot x_I+2p'(x_I)]}>0 \tag{5-13}$$

从式（5-13）可见，监管正式部门制度质量弱化程度的上升会增加非正式部门经济活动（Choi & Thum，2005）。但式（5-7）对 ψ 求导得到：

$$\frac{d x^*}{d\psi}=-\frac{(1-\alpha)}{c''(x^*)}<0 \tag{5-14}$$

从式（5-14）可见，监管正式部门制度质量弱化程度的上升会降低企业最优总产出，因此，正式部门产出也下降，且下降幅度大于非正式部门产出增加幅度。从上面的分析可以发现，无论是正式部门还是非正式部门，监管制度质量弱化程度上升均会扩大隐性经济规模。

三、制度质量、隐性经济和环境污染

现在可以分析制度质量弱化对污染排放的影响，由于总排放 E 可以写作：

$$E=x_I+(1-e)x_F=(1-e)\cdot x+e\cdot x_I \tag{5-15}$$

用总排放分别对 γ 和 ψ 求导得到：

$$\frac{\mathrm{d}E}{\mathrm{d}\gamma}=e\cdot\frac{\mathrm{d}x_I}{\mathrm{d}\gamma} \tag{5-16}$$

$$\frac{\mathrm{d}E}{\mathrm{d}\psi}=(1-e)\cdot\frac{\mathrm{d}x^*}{\mathrm{d}\psi}+e\cdot\frac{\mathrm{d}x_I}{\mathrm{d}\psi} \tag{5-17}$$

结合上文的结论可得式（5－16）为正，即监管非正式部门中官员比例的上升会增加污染总排放，这是因为监管非正式部门官员比例上升导致正式部门产出的减少额与非正式部门产出的增加额相同，因而企业生产总规模保持不变，再结合上文的假设可知同一产出下非正式部门的污染排放更高，因此污染总排放上升。

由式（5－13）和式（5－14）可得式（5－17）符号不确定，这是因为监管正式部门官员比例上升导致正式部门产出的减少额大于非正式部门产出的增加额，企业生产总规模下降，因此，对污染总排放的影响不确定。但从式（5－17）右边第二项可知制度质量弱化扩大非正式部门生产规模对污染排放具有促进作用。

综合以上所有分析可得到如下结论：非正式部门生产由于可以规避政府监管因而具有更高的污染率，因此，隐性经济规模上升会增加污染排放；无论是正式部门还是非正式部门，监管制度质量弱化程度的增加至少通过扩大隐性经济规模增加了污染排放。

第三节 中国各省份隐性经济规模测算

一、隐性经济测算方法

1. 直接法

隐性经济的测算方法分为两类：直接法和间接法。直接法包括实际调查法和税务审计法等微观方法。实际调查法通过向随机被调查者直接发放调查问卷来测算隐性经济，税务审计法基于报税收入和审计收入的差额来测算隐性经济，这两种方法的优点是能够提供诸如隐性经济参与主体的结构等细节信息，缺点是前者测算结果的有效性取决于被调查者合作的意愿，由于被调查者往往不愿意承认自己的违法违规行为，因此，该方法很难准确估计隐性经济活动的规模；后者的审计对象往往不是随机选取的，基于有偏样本的测算结果并不准确；此外这两种方法都只能测算某一时点的隐性经济规模，无法测算隐性经济在一段时间内的发展与变化。

2. 间接法

间接法又称指标测算法，使用包含隐性经济信息的各类宏观经济指标来间接衡量隐性经济规模。该方法包括以下几种方法：

（1）国家收入和支出数据差异法。该方法基于一国收入数据和支出数据之间的差额测算隐性经济。从理论上来看，一国收入占 GDP 份额应等于支出占 GDP 份额，因此，如果支出端数据统计无误，那么支出和收入数据之间的差额就可以作为隐性经济的衡量指标，但实际情况并非如此，收入和支出数据的差额往往也是数据统计遗漏、误差等问题的反映，因此，这一方法的估计结果较为粗略，可信度不高。

（2）官方和实际劳动力数据差异法。如果经济中总劳动参与率不变，那么在官方经济中劳动力参与率的下降就表示隐性经济规模增加，因此，官方劳动力参与率数据的变化可以作为隐性经济的衡量指标。但这一方法的缺点在于官方劳动力参与率数据变化也可能是出于其他原因，因此，这一指标度量隐性经济规模的效果较差。

（3）交易法。该方法基于社会交易总价值与名义 GDP（官方经济 GDP 与隐性经济 GDP 之和）的比值为常数的假设。该方法要确定一个基准年，且假设在该基准年不存在隐性经济，因此，名义 GDP 与官方经济 GDP 相等，可以计算出社会交易总价值与名义 GDP 的不变比值。在计算后续年份的隐性经济规模时，只需确定待计算年份的社会交易总量与价格指数，就可根据不变比值得到该年份名义 GDP，从中扣除官方经济 GDP 后就可得到隐性经济 GDP。应用该方法所需要的一个重要指标是社会交易总量，这往往很难准确获取，因此，虽然这一方法在理论上很完善，但实际操作中却困难重重。

（4）货币需求法。该方法最早由 Cagan（1958）提出，后经 Tanzi（1983）发展完善，其估计了美国 1929～1980 年通货需求函数以测算隐性经济规模。这一方法认为，隐性经济都是采用现金进行交易，隐性经济规模的上升必然会导致对流通中货币的需求增加。为了准确估计隐性经济规模扩张导致的流通货币需求增加量，需要估计通货需求方程，且需要加入影响通货需求量的控制变量如收入增长、支付习惯、利率，和影响隐性经济规模的控制变量如直接税负和间接税负、政府规制。

但这一方法也存在一定的缺陷：第一，不是所有的隐性经济都是采用现金进行交易。Isachsen 和 Strom（1985）采用调查法发现，1980 年挪威有 80% 的隐性经济是通过现金交易的，因此，货币需求法可能会低估隐性经济实际规模；第二，大部分采用货币需求法的文献都只将税收负担作为隐性经济的影响因素，而未考虑政府规制等其他因素，这同样会低估隐性经济实际规模。

（5）多指标多原因法（Multiple Indicators and Multiple Causes，MIMIC）。上述所有方法都仅仅考虑了与隐性经济相关的单一因素，但是隐性经济在企业生产、劳动力市场和货币市场等方面都有体现。MIMIC 法基于不可观测变量的统计理论，不仅考虑了导致隐性经济存在与变化的多重原因，也考虑了隐性经济的多种影响后果（指标）。在具体估计过程中，该方法使用因素分析法来估计作为不可观测变量的隐性经济。从结构上来看，MIMIC 模型包括两部分，分别是表示指标变量和不可观测变量（本书中是隐性经济规模）之间关系的测量模型，以及表示隐性经济和原因变量之间关系的结构模型，如图 5－2 所示。

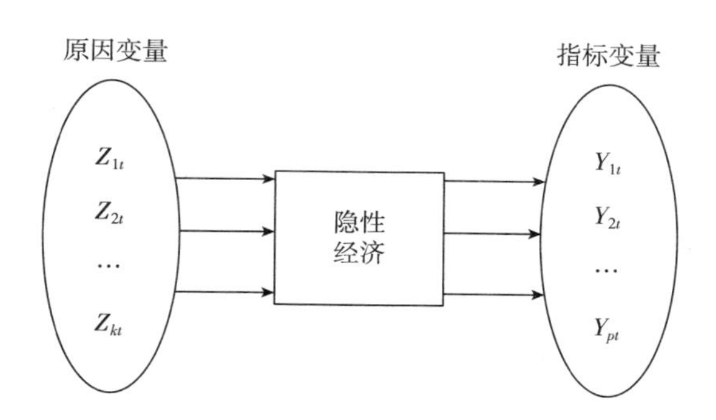

图 5－2　多指标多原因模型

其中，Z_{it}（$i=1，2，\cdots，k$）是隐性经济规模的原因变量，Y_{jt}（$j=1，2，\cdots，p$）是指标变量。以往对隐性经济的研究文献（Schneider，1994；Giles，1997；Giles et al.，2002；Del'Anno & Schneider，2004）认为，可能的原因变量有：①直接税和间接税负担，税负上升会增加将生产活动转移至非正式部门的动机；②政府规制负担；③税收道德，体现了个人离开正式部门岗位进入非正式部门的意愿。可能的指标变量有：①货币指标的变化，隐性经济规模的扩张将增加对流通货币的需求；②劳动力市场变化，非正式部门劳动参与率的上升将导致正式部门劳动参与率下降；③产出变化，生产活动由正式部门转移至非正式部门将导致官方统计的经济产出增速下降。

在上述间接测量方法中，使用最广泛的是货币需求法和 MIMIC 法，但是由于我国没有公布省级层面上的货币数据，因此，本书最终使用 MIMIC 法对各地区隐性经济规模进行测算。

二、原因变量和指标变量说明及数据来源

借鉴 Schneider 等（2010）、杨灿明和孙群力（2010）、余长林和高宏建

(2015) 等的研究，本书对原因变量和指标变量选取如下：

1. 原因变量

(1) 税收负担 (TT)。上文已提到，税收负担是影响隐性经济规模的重要因素，税收负担的上升会增加企业将生产活动从正式部门转移到非正式部门的激励，因而隐性经济规模越大。本书用各省份税收收入占 GDP 的份额表示税收负担。此外将总税收分为直接税和间接税并计算直接税负担 (DT) 和间接税负担 (IT)，其中间接税包括增值税、营业税、资源税和城建税，直接税由总税扣除间接税得到。总税收入和各项间接税收入来自《中国统计年鉴》，GDP 数据来自《中国统计年鉴》和《新中国六十年统计资料汇编》。

(2) 居民收入 (INC)。国民收入分配（包括初次分配与再分配）中居民部门分配的比例越低，居民个体通过参与隐性经济活动增加个人收入的意愿就越强，因而隐性经济规模越大。本书中居民收入 = (城镇居民人均可支配收入 × 非农人口数 + 农民人均纯收入 × 农业人口数) /GDP，其中各省份城镇居民人均可支配收入和农民人均纯收入数据来自《中国统计年鉴》，各省份农业人口、非农人口数据来自《中国人口统计年鉴》和《中国人口和就业统计年鉴》。

(3) 失业率 (UNE)。显然官方经济失业率越高，失业者为谋生从事隐性经济活动的人数越多，因而隐性经济规模越大。由于我国统计年鉴仅公布了城镇登记失业率这一种与失业相关的指标，因此本书用该指标衡量各省失业率。数据来源于《中国劳动统计年鉴》。

(4) 政府管制 (GR)。虽然政府管制越严格（如严格的环境规制和烦琐的许可证审批）会使得原本希望进入正式经济部门的企业转而进入非正式部门，但如果对非正式部门的监管也很严格，那政府规制趋严最终还是将降低隐性经济规模。本书用公职人员占总就业人口比重表示政府管制，其中公职人员数据来自《中国劳动统计年鉴》，各省份就业人口 1998 ~ 2001 年数据来自《新中国六十年统计资料汇编》《中国区域经济统计年鉴》，2012 ~ 2015 年数据来自万得资讯和各省份统计年鉴。

(5) 自我雇佣率 (SFE)。采用自我雇佣的往往都是个体经营户，这类经济主体往往游离于政府监管之外，属于隐性经济范畴，因此，自我雇佣率越高隐性经济规模越大。本书用城乡私营和个体就业人数占总就业比重表示自我雇佣率，各省份城乡私营和个体就业数据来自《中国统计年鉴》。

2. 指标变量

(1) 经济增长 (RGDP)。隐性经济对官方经济的影响方向并不确定：一方面，当经济总量不变时隐性经济规模的扩张必然意味着官方经济规模的萎缩，因此，隐性经济与官方经济负相关；另一方面，隐性经济不是独立存在的，它与官方经济有着千丝万缕的联系，Schneider 和 Enste（2000）的研究表明，近 70% 的隐性经济收入会直接用于官方经济消费，因此，隐性经济又会促进官方经济发展。本书用人均实际 GDP 增长率衡量官方经济增长，其中人均实际 GDP 增长率用《中国统计年鉴》中的人均 GDP 指数计算得到。

（2）劳动力参与率（LAB）。隐性经济规模越大，其劳动力就越多，那么参与官方经济的劳动力人数及工作时间就越少，即劳动参与率就越低。本书用就业总人数占经济活动人口数（15 ~64 岁的人口数）比例表示劳动力参与率，各省份经济活动人口数用《中国统计年鉴》各年抽样调查的 15 ~64 岁的人口数计算得到。

3. 变量描述性统计

由于我国从 1998 年才开始公布省际层面上的增值税和营业税等细分数据，最新的数据允许扩展至 2015 年，因此，本章的研究样本期是 1998 ~2015 年。各变量描述性统计如表 5 -1 所示。

表 5 -1　变量描述性统计

变量	变量名称	样本量	平均值	标准差	中位数	最小值	最大值
TT	总税负担	522	6. 82	2. 82	6. 09	3. 04	19. 33
IT	间接税负担	522	4. 08	1. 47	3. 77	2. 01	9. 75
DT	直接税负担	522	2. 74	1. 48	2. 32	0. 89	9. 58
INC	居民收入	522	38. 83	9. 27	38. 25	16. 87	73. 95
UNE	城镇登记失业率	522	3. 51	0. 74	3. 6	0. 6	6. 5
GR	政府管制	522	2. 06	0. 72	1. 88	1. 01	5. 07
SFE	自我雇佣率	522	19. 66	12. 06	16. 56	3. 93	80. 24
FF	财政自主程度	522	52. 82	18. 75	47. 48	14. 82	95. 08
RGDP	人均实际 GDP 增长率	522	10. 33	2. 81	10. 2	2. 6	23. 7
LAB	劳动力参与率	522	75. 08	10. 14	75. 94	50. 66	99. 46

三、MIMIC 模型估计结果

本书从最一般形式的模型开始，逐步剔除不显著的变量，并结合 χ^2、RMSEA等模型拟合度指标确定最终模型。表 5 -2 是利用 Stata12. 0 软件估计的结果，可以发现，在各模型中，模型（7）所有变量均至少在 5% 的水平上显著，且根据易丹辉（2008），模型（7）的 χ^2 及相应 p 值、RMSEA、CFI 和 SRMR 等拟合度指标在所有模型中均为最优，因此，基于模型（7）确定最终模型。

表5-2 MIMIC模型估计结果

变量	(1)	(2)	(3)	(4)	(5)	(6)	(7)
TT							0.12*** (0.06)
IT	2.16*** (0.22)	2.01*** (0.11)	1.72*** (0.15)	1.75*** (0.18)	1.71*** (0.13)	1.65*** (0.17)	
DT	-1.60*** (0.27)	-1.23*** (0.11)	-1.99*** (0.14)	-1.88*** (0.17)	-1.91*** (0.13)	-2.07*** (0.20)	
INC	-0.06* (0.03)	-0.06*** (0.01)	-0.13*** (0.01)	-0.09*** (0.01)	-0.12*** (0.01)		
UNE	0.69*** (0.14)	0.33*** (0.12)	0.77*** (0.13)		0.69*** (0.12)	0.36** (0.18)	1.11*** (0.16)
GR	-2.21*** (0.36)	-2.28*** (0.16)					
SFE	-0.09*** (0.02)		-0.01 (0.02)	-0.01 (0.01)			-0.02** (0.01)
RGDP	1 -1.08**	1 -0.71*	1 -1.23***	1 -1.41***	1 -1.36***	1 -1.08***	1 -0.42***
LAB	(0.53) 16.74	(0.37) 19.27	(0.28) 13.40	(0.26) 1.89	(0.28) 0.96	(0.32) 1.49	(0.39) 0.23
χ^2	p=0.02	p=0.01	p=0.03	p=0.58	p=0.75	p=0.62	p=0.81
df (自由度)	6	4	5	3	4	2	2
RMSEA	0.11	0.12	0.12	0.15	0.07	0.02	0.01
CFI	0.83	0.80	0.88	0.86	0.93	1.00	1.00
SRMR	0.14	0.12	0.13	0.08	0.09	0.05	0.01

注：***、**、*分别表示在1%、5%、10%的水平上显著；括号内为标准差。

四、隐性经济计算结果及分析

可以发现表5-2中模型（7）包括总税负担（TT）、失业率（UNE）和自我雇佣率（SFE）三个原因变量，人均实际GDP增长率（RGDP）和劳动力参与率

（LAB）两个指标变量，根据其估计结果，我们得到如下结构方程：

$$SE_{it}^{*}=0.12\times TT_{it}+1.11\times UNE_{it}-0.02\times SFE_{it} \quad (5-18)$$

其中，SE_{it}^{*}表示隐性经济指数。将各原因变量的数据代入式（5－18），即可得到各省份1998～2015年隐性经济指数，需要注意的是，这里需要将该指数转换为隐性经济规模占GDP份额。具体做法是先确定某一年为基期，并利用其他隐性经济测算方法得到基期隐性经济规模，这里我们借鉴李金昌、徐蔼婷（2005）使用的居民消费储蓄边际倾向——弹性系数估算法计算各省份2000年的隐性经济占GDP比重，再利用下式得到其他年份隐性经济规模占GDP份额：

$$SE_{it}=SE_{i,2000}\times\frac{SE_{it}^{*}}{SE_{i,2000}^{*}} \quad (5-19)$$

其中，SE_{it}表示i省第t年隐性经济规模占GDP份额，$SE_{i,2000}$是利用李金昌、徐蔼婷（2005）方法计算的2000年各省份隐性经济规模占GDP份额，将式(5－18)得到的隐性经济指数代入式（5－19）即可得到各省份1998～2015年隐性经济规模占GDP份额，结果见附录，各地区隐性经济规模变化趋势如图5－3所示。

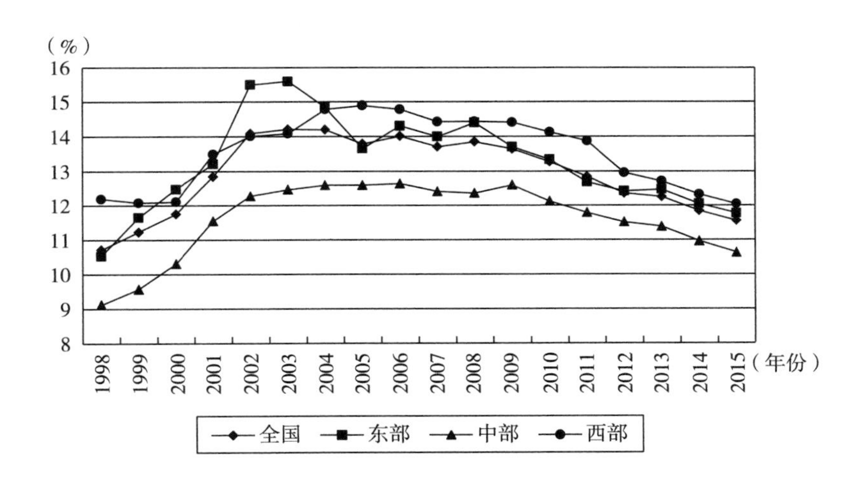

图5－3　全国和各区域隐性经济规模

由附录可见1998～2015年各省平均隐性经济规模在10.7%～14.21%，东部地区各省份平均隐性经济规模在10.5%～15.6%，中部地区在9.12%～12.7%，西部地区在12%～14.9%。

第四节　制度质量和隐性经济影响环境污染实证分析

一、计量模型设定

这部分基于面板数据回归模型对理论模型的结论进行实证检验。为了估计隐性经济和环境污染之间的关系是否受制度质量弱化水平的影响，并结合式（4－2），本章使用如下计量方程：

$$EP_{it} = \beta_0 + \beta_1 COR_{it} + \beta_2 SE_{it} + \beta_3 SE_{it} \times COR_{it} + \beta_4 Z_{it} + u_i + \varepsilon_{it} \quad (5-20)$$

其中，下标 i 和 t 分别表示省份和时间。EP 和 COR 与第四章的含义相同，SE 表示隐性经济规模指标，因此，β_2 衡量了隐性经济对环境污染的直接影响，根据理论模型的结论预期 β_2 显著为正，即隐性经济规模越大污染越多。$SE \times COR$ 是隐性经济和制度质量的交互项，因此，β_3 衡量了制度质量弱化增加或降低隐性经济影响环境污染的程度，根据理论模型制度质量弱化会增加正式部门经济转移到隐性经济的激励，因此，预期 β_3 符号为正。Z 是影响环境污染的控制变量，u_i 是不随时间变化的地区固定效应，ε_{it} 是随机扰动项。

根据地理学第一定律"任何事物与其他事物都有一定的联系，且较近的事物之间的联系更紧密"。受自然因素影响，一个地区的环境状况必定与邻近地区的环境质量紧密相关，而地区之间经济生产活动的相互联系又增强了环境质量的关联。为了体现环境污染的空间相关性，本书构建空间滞后模型（Spatial Lag Model，SLM）和空间误差模型（Spatial Errors Model，SEM），具体来说：

空间滞后模型（SLM）认为，空间相关性仅来自被解释变量，即相邻地区中只有污染排放会影响本地区的环境质量，对应的计量模型为：

$$EP_{it} = \rho W\, EP_{it} + \beta_0 + \beta_1 COR_{it} + \beta_2 SE_{it} + \beta_3 SE_{it} \times COR_{it} + \beta_4 Z_{it} + u_i + \varepsilon_{it} \quad (5-21)$$

其中，ρ 表示空间回归系数，W 表示已知的 $n \times n$ 空间权重矩阵，空间相关性仅由 ρ 来刻画，它反映了邻近地区污染排放影响本地区环境质量的方向和程度。

空间误差模型（SEM）认为，空间相关性通过误差项来体现，即对本地区环境质量有影响的存在空间相关性的是不包含在已知解释变量中的遗漏变量，或是不可观测的随机冲击存在空间相关性，对应的计量模型为：

$$EP_{it} = \beta_0 + \beta_1 COR_{it} + \beta_2 SE_{it} + \beta_3 SE_{it} \times COR_{it} + \beta_4 Z_{it} + u_i + \varepsilon_{it}$$

$$\varepsilon_{it} = \lambda W \varepsilon_{jt} + v_{it} \tag{5-22}$$

其中，λ 是空间误差系数，反映了被解释变量的误差冲击对本地区环境质量的影响方向和程度，v_{it}是随机误差项。

二、变量说明

囿于各省份隐性经济数据可得性，本书研究时期从 1998 年开始，最新的数据允许扩展至2015 年，因此，本书的研究时期为 1998 ~2015 年。相关数据不包括港澳台地区。由于西藏各类数据缺失较为严重，因而不在研究范围之内，为保证前后分析的一致性和可比性，仍将四川与重庆数据合并，最终本书的研究样本为 1998 ~2015 年 29 个省份的面板数据，样本观测值共 522 个。相关变量说明如下：

环境污染（EP），包括大气污染、水污染、噪声污染和土壤污染等。由于我国的环境污染以工业污染为主，因此，已有的文献多采用工业“三废”中某一种或某几种污染物作为我国环境污染的衡量指标。考虑到近些年来我国工业固体废物综合利用率不断提高，全国每年工业固体废物排放总量从 2000 年的 3186 万吨减少至 2015 年的 56 万吨[①]，2008 年以后很多省份的工业固体废物排放量不足万吨，这表明工业固体废物已不再是我国的主要污染物。有鉴于此，本书使用人均工业废气（EP1）和人均工业废水（EP2）排放量作为环境污染的代理变量。

COR 表示制度质量水平。在《中国检察年鉴》中各省份工作报告会披露每年各地方检察机关立案侦查的贪污、贿赂和渎职侵权等职务犯罪案件数，本章用这一数据表征各地区制度质量弱化程度。为了剔除政府规模和各地区人口总数的影响，本章最终用单位公职人员职务犯罪案件立案数（COR1）作为制度质量弱化的代理变量，为保证回归结果的稳健性，还选择各省份单位人口职务犯罪案件立案数（COR2）和各省份公职人员中女性人员占比（COR3）作为制度质量弱化的替代变量。隐性经济（SE）由本章第三节计算得到。

W 表示空间权重矩阵，衡量不同地区之间的地理距离或经济联系程度。假设地区 i 和 j 之间的距离为w_{ij}，那么空间权重矩阵为：

$$W = \begin{pmatrix} w_{11} & \cdots & w_{1n} \\ \vdots & \ddots & \vdots \\ w_{n1} & \cdots & w_{nn} \end{pmatrix}$$

显然 W 为 $n \times n$ 对称方阵，且对角线元素$w_{11} = \cdots = w_{nn} = 0$，即某地区和自身距离为0。现有研究最常使用的空间矩阵为地理邻接矩阵，又称0－1 矩阵，当地区 i 和 j 空间上相接时，$w_{ij} = 1$，当地区 i 和 j 不相接时，$w_{ij} = 0$，可以发现地理邻

① 资料来源于《中国环境统计年鉴》（2016）。

接矩阵仅认为空间上相接的地区之间才存在空间相关，不相接的地区则不存在空间相关，因此，在衡量各地区空间相关性上存在缺陷。本书按照不同的研究目的选取以下三种权重矩阵，第一种是地理距离权重矩阵W_D，当$i \neq j$时，矩阵元素$w_{ij}=1/d_{ij}$，当$i=j$时，$w_{ij}=0$，其中d_{ij}是省会城市之间的欧氏距离，显然地区间地理距离越小，则权重越大，相互影响也越强。第二种是经济距率权重矩阵W_E，参照林光平等（2005）和李胜兰等（2014）的研究，本书用两省份人均地区生产总值的差值的倒数表示地区间经济权重，即当$i \neq j$时，矩阵元素$w_{ij}=1/|gdp_i - gdp_j|$，gdp_i和gdp_j分别表示地区 i 和 j 的人均 GDP，经济权重考虑了不同地区经济发展水平的差异，且经济发展水平相近的地区环境污染可能存在较强空间相关性。第三种是混合权重矩阵W_M，该权重同时考虑了地理距离和经济距离对研究变量的影响，计算方法为$W_M = W_D \times W_E$，其中W_D表示空间地理距离权重，W_E表示经济距离权重，在具体计量分析过程中对这三类权重矩阵进行标准化处理后再作为空间个体的权重。

Z 表示控制变量，包括经济发展水平（Y）及其平方项、产业结构（IS）、人口密度（PD）、对外开放度（OPEN）、能源效率（EE）、城镇化率（URB），变量含义和数据来源均与第四章相同。

三、数据描述性统计

由于我国东中西部地区经济发展水平、市场化程度和政治民主氛围存在较大差异，这很可能对官员的制度质量弱化行为、环境规制执行力度及其环境后果产生较大影响，为此本书将研究样本细分为东中西部三大区域①。最终处理后的变量描述性统计见表 5－3。

表 5－3　变量描述性统计

	变量	样本量	平均值	标准差	中位数	最小值	最大值
全国	EP1	522	10.11	0.77	10.09	8.33	12.46
	EP2	522	2.66	0.51	2.67	1.18	4.12
	COR1	522	3.31	0.36	3.31	2.10	4.93
	COR2	522	3.36	0.28	3.36	2.60	5.09
	COR3	522	27.67	3.48	27.42	18.56	38.59

① 按照我国传统地域划分，东部地区包括北京、天津、河北、辽宁、上海、江苏、浙江、福建、山东、广东和海南 11 个省市区，中部地区包括山西、吉林、黑龙江、安徽、江西、河南、湖北和湖南 8 个省，西部地区包括内蒙古、广西、四川（含重庆）、贵州、云南、陕西、甘肃、青海、宁夏和新疆 10 个省市区。

续表

	变量	样本量	平均值	标准差	中位数	最小值	最大值
全国	SE	522	12. 89	4. 09	12. 98	1. 09	22. 97
	Y	522	9. 46	0. 76	9. 46	7. 61	11. 41
	IS	522	45. 95	7. 98	47. 55	19. 74	60. 13
	PD	522	5. 39	1. 27	5. 56	1. 94	8. 25
	OPEN	522	31. 84	39. 37	12. 92	3. 16	177. 78
	EE	522	9. 76	0. 52	9. 70	8. 60	11. 08
	URB	522	47. 98	15. 73	45. 52	21. 89	89. 60
东部地区	EP1	198	10. 23	0. 68	10. 25	8. 33	11. 59
	EP2	198	2. 91	0. 55	2. 94	1. 42	4. 12
	COR1	198	3. 27	0. 42	3. 27	2. 10	4. 12
	COR2	198	3. 31	0. 31	3. 29	2. 60	4. 29
	COR3	198	27. 12	3. 81	26. 73	18. 56	38. 59
	SE	198	13. 25	3. 33	13. 18	1. 09	20. 85
	Y	198	9. 97	0. 64	10. 03	8. 59	11. 41
	IS	198	46. 01	10. 32	50	19. 74	60. 13
	PD	198	6. 36	0. 71	6. 29	5. 36	8. 25
	OPEN	198	67. 22	45. 11	53. 73	8. 22	177. 78
	EE	198	9. 40	0. 37	9. 32	8. 60	10. 22
	URB	198	60. 16	16. 50	57. 35	25. 17	89. 60
中部地区	EP1	144	9. 86	0. 74	9. 89	8. 33	11. 67
	EP2	144	2. 58	0. 19	2. 61	2. 19	3. 04
	COR1	144	3. 44	0. 29	3. 41	2. 83	4. 18
	COR2	144	3. 45	0. 29	3. 42	2. 95	4. 13
	COR3	144	26. 77	2. 81	26. 52	21. 30	33. 23
	SE	144	11. 60	3. 26	11. 21	4. 18	17. 87
	Y	144	9. 21	0. 59	9. 20	8. 11	10. 37
	IS	144	47. 24	6. 47	47. 3	31. 81	60. 00
	PD	144	5. 53	0. 57	5. 66	4. 42	6. 37
	OPEN	144	10. 23	3. 91	9. 57	3. 16	19. 77
	EE	144	9. 77	0. 39	9. 72	9. 16	10. 86
	URB	144	43. 31	9. 34	43. 91	23. 01	58. 80

续表

	变量	样本量	平均值	标准差	中位数	最小值	最大值
西部地区	EP1	180	10.16	0.86	10.11	8.42	12.46
	EP2	180	2.44	0.52	2.33	1.18	3.75
	COR1	180	3.23	0.31	3.21	2.56	4.93
	COR2	180	3.35	0.23	3.37	2.89	5.09
	COR3	180	29.00	3.21	28.67	22.51	37.21
	SE	180	13.54	5.11	14.55	5.04	22.97
	Y	180	9.10	0.68	9.07	7.61	10.81
	IS	180	44.86	5.67	44.10	33.56	58.40
	PD	180	4.22	1.19	4.74	1.94	5.40
	OPEN	180	10.21	5.31	9.47	3.57	36.91
	EE	180	10.14	0.46	10.23	9.12	11.09
	URB	180	38.32	8.69	37.88	21.89	60.30

1. 全样本分析

在本书所分析的29个省份中，人均工业废气排放量和人均工业废水排放量的对数平均值分别是10.11和2.66，中位数分别是10.09和2.67，没有明显的偏差。样本中人均工业废气排放量的对数最大值为12.46，出现在2010年的宁夏，最小值为8.33，出现在1998年的江西。人均工业废水排放量的对数最大值为4.12，出现在1998年的黑龙江，最小值为1.18，出现在2008年的贵州。

从关键解释变量来看，在29个省份中单位公职人员职务犯罪案件立案数平均值和中位数均是3.31，没有明显的偏差。最大值出现在2002年的青海，最小值出现在2015年的北京。单位人口职务犯罪案件立案数平均值和中位数均是3.36，没有明显的偏差。最大值出现在2002年的青海，最小值出现在2013年的上海。公职人员中女性人员占比平均值是27.67，中位数是27.42，表现出一定的负偏态，即较多省份女性公职人员占比低于平均水平。最大值出现在2015年的北京，最小值出现在1998年的江苏。各省隐性经济的平均值和中位数分别是12.89和12.98，没有明显的偏差。最大值出现在2009年的青海，最小值出现在2005年的上海。

从控制变量来看，人均国内生产总值平均值和中位数均为9.46，没有明显的偏差。最大值出现在2015年的上海，最小值出现在1998年的贵州。第二产业增加值占GDP比重平均值是45.95，中位数是47.55，表现出一定的正偏态，即较多省份的二产增加值占GDP比重超过平均水平。最大值出现在2008年的天津，最小值出现在2015年的北京。单位国土面积年末人口数平均值是5.39，中位数是5.56，表现出一定的正偏态，即较多省份的单位国土面积年末人口数超过平均水平。最大值出现在2014年的上海，最小值出现在1998年的青海。进出口贸易总额占GDP比重平均值是31.84，中位数是12.92，表现出较大的负偏态，即大多数省份的进出口贸易总额占GDP比重低于平均水平。最大值出现在2004年的上海，最小值出现在1999年的河南。单位实际GDP能源消耗量平均值是9.76，中位数是9.70，没有明显的偏差。最大值出现在2004年的宁夏，最小值出现在2011年的福建。年末城镇人口占全部人口比重平均值是47.98，中位数是45.52，表现出一定的负偏态，即较多省份的年末城镇人口占全部人口比重低于平均水平。最大值出现在2014年的上海，最小值出现在1998年的云南。

2. 东部地区

在东部地区的11个省市区中，人均工业废气排放量和人均工业废水排放量的对数平均值分别是10.23和2.91，中位数分别是10.25和2.94，没有明显的偏差。样本中人均工业废气排放量的对数最大值为11.59，出现在2013年的河北，最小值为8.33，出现在1998年的海南。人均工业废水排放量的对数最大值为4.12，出现在1998年的上海，最小值为1.42，出现在2015年的北京。

从关键解释变量来看，在11个省份中，单位公职人员职务犯罪案件立案数平均值和中位数均是3.27，没有明显的偏差。最大值出现在2002年的天津，最小值出现在2015年的北京。单位人口职务犯罪案件立案数平均值是3.31，中位数是3.29，没有明显的偏差。最大值出现在2002年的天津，最小值出现在2013年的上海。公职人员中女性人员占比平均值是27.12，中位数是26.73，表现出一定的负偏态，即较多省份女性公职人员占比低于平均水平。最大值出现在2015年的北京，最小值出现在1998年的江苏。各省份隐性经济的平均值和中位数分别是13.23和13.18，没有明显的偏差。最大值出现在2003年的海南，最小值出现在2005年的上海。

从控制变量来看，人均国内生产总值平均值为9.97，中位数是10.03，没有明显的偏差。最大值出现在2015年的上海，最小值出现在1998年的河北。第二产业增加值占GDP比重平均值是46.01，中位数是50，表现出一定的正偏态，即较多省份的二产增加值占GDP比重超过平均水平。最大值出现在2008年的天津，最小值出现在2015年的北京。单位国土面积年末人口数平均值是6.36，中位数是6.29，表现出一定的负偏态，即较多省份的单位国土面积年末人口数低于平均水平。最大值出现在2014年的上海，最小值出现在1998年的海南。进出口贸易总额占GDP比重平均值是67.22，中位数是53.73，表现出一定的负偏态，即较多省份的进出口贸易总额占GDP比重低于平均水平。最大值出现在2004年的上海，最小值出现在 1998 年的河北。单位实际 GDP 能源消耗量平均值是 9.40，中位数是 9.32，表现出一定的负偏态，即较多省份的单位实际 GDP 能源消耗量低于平均水平。最大值出现在 2005 年的河北，最小值出现在 2011 年的福建。年末城镇人口占全部人口比重平均值是 60.16，中位数是 57.35，表现出一定的负偏态，即较多省份的年末城镇人口占全部人口比重低于平均水平。最大值出现在 2014 年的上海，最小值出现在 1998 年的河北。

3. 中部地区

在中部地区的 8 个省份中，人均工业废气排放量和人均工业废水排放量的对数平均值分别是 9.86 和 2.58，中位数分别是 9.89 和 2.61，没有明显的偏差。相较于东部地区，中部地区无论是人均工业废气排放量还是人均工业废水排放量均更低一些，这主要是因为两大区域经济发展水平存在较大差异。样本中人均工业废气排放量的对数最大值为 11.67，出现在 2011 年的山西，最小值为 8.33，出现在 1998 年的江西。人均工业废水排放量的对数最大值为 3.04，出现在 1998 年的湖北，最小值为 2.19，出现在 2009 年的黑龙江。

从关键解释变量来看，在 8 个省份中，单位公职人员职务犯罪案件立案数平均值是 3.44，中位数是 3.41，没有明显的偏差。最大值出现在 2002 年的黑龙江，最小值出现在 2014 年的湖南。单位人口职务犯罪案件立案数平均值是 3.45，中位数是 3.42，没有明显的偏差。最大值出现在 2003 年的黑龙江，最小值出现在 2015 年的安徽。公职人员中女性人员占比平均值是 26.77，中位数是 26.52，没有明显的偏差。最大值出现在 2015 年的河南，最小值出现在 1998 年的江西。各省份隐性经济的平均值和中位数分别是 11.6 和 11.21，没有明显的偏差。最大值出现在 2002 年的湖北，最小值出现在 1998 年的黑龙江。

从控制变量来看，人均国内生产总值平均值为 9.21，中位数是 9.20，没有明显的偏差。最大值出现在 2015 年的吉林，最小值出现在 1998 年的江西。第二产业增加值占 GDP 比重平均值是 47.24，中位数是 47.30，没有明显的偏差。最大值出现在 2007 年的山西，最小值出现在 2015 年的黑龙江。单位国土面积年末人口数平均值是 5.53，中位数是 5.66，表现出一定的正偏态，即较多省份的单位国土面积年末人口数高于平均水平。最大值出现在 2004 年的河南，最小值出现在 1998 年的黑龙江。进出口贸易总额占 GDP 比重平均值是 10.23，中位数是 9.57，表现出一定的负偏态，即较多省份的进出口贸易总额占 GDP 比重低于平均水平。最大值出现在 2011 年的黑龙江，最小值出现在 1999 年的河南。单位实际 GDP 能源消耗量平均值是 9.77，中位数是 9.72，表现出一定的负偏态，即较多省份的单位实际 GDP 能源消耗量低于平均水平。最大值出现在 1998 年的山西，最小值出现在 2015 年的吉林。年末城镇人口占全部人口比重平均值是

43.31，中位数是43.91，表现出一定的正偏态，即较多省份的年末城镇人口占全部人口比重高于平均水平。最大值出现在2015年的黑龙江，最小值出现在1998年的河南。

4. 西部地区

在西部地区的10个省市区中，人均工业废气排放量和人均工业废水排放量的对数平均值分别是10.16和2.44，中位数分别是10.11和2.33，表现出一定的负偏态，即较多省份的人均工业废气排放量和人均工业废水排放量低于平均水平。相较于东部地区，西部地区无论是人均工业废气排放量还是人均工业废水排放量均更低一些，这主要是因为两大区域经济发展水平存在较大差异；相较于中部地区，西部地区人均工业废气排放量较大，但人均工业废水排放量较小。样本中人均工业废气排放量的对数最大值为12.46，出现在2010年的宁夏，最小值为8.42，出现在1998年的云南。人均工业废水排放量的对数最大值为3.75，出现在2008年的广西，最小值为1.18，出现在2008年的贵州。

从关键解释变量来看，在10个省份中，单位公职人员职务犯罪案件立案数平均值是3.23，中位数是3.21，没有明显的偏差。最大值出现在2002年的青海，最小值出现在2012年的新疆。单位人口职务犯罪案件立案数平均值是3.35，中位数是3.37，没有明显的偏差。最大值出现在2002年的青海，最小值出现在2002年的甘肃。公职人员中女性人员占比平均值是29.00，中位数是28.67，表现出一定的负偏态，即较多省份的女性公职人员占比低于平均水平。最大值出现在2015年的青海，最小值出现在2000年的甘肃。各省份隐性经济的平均值和中位数分别是13.54和14.55，表现出一定的正偏态，即较多省份的隐性经济占GDP比重高于平均水平。最大值出现在2009年的青海，最小值出现在1998年的云南。

从控制变量来看，人均国内生产总值平均值为9.10，中位数是9.07，没有明显的偏差。最大值出现在2015年的四川，最小值出现在1998年的贵州。第二产业增加值占GDP比重平均值是44.86，中位数是44.1，表现出一定的负偏态，即较多省份的二产增加值占GDP比重低于平均水平。最大值出现在2011年的青海，最小值出现在2002年的广西。单位国土面积年末人口数平均值是4.22，中位数是4.74，表现出一定的正偏态，即较多省份的单位国土面积年末人口数高于平均水平。最大值出现在2004年的贵州，最小值出现在1998年的青海。进出口贸易总额占GDP比重平均值是10.21，中位数是9.47，表现出一定的负偏态，即较多省份的进出口贸易总额占GDP比重低于平均水平。最大值出现在2008年的新疆，最小值出现在2011年的青海。单位实际GDP能源消耗量平均值是10.14，中位数是10.23，没有明显的偏差。最大值出现在2004年的宁夏，最小值出现在2015年的广西。年末城镇人口占全部人口比重平均值是38.32，中位数是37.88，表现出一定的负偏态，即较多省份的年末城镇人口占全部人口比重低于平均水平。最大值出现在2015年的内蒙古，最小值出现在1998年的云南。

四、全样本实证结果及分析

由于空间滞后变量存在内生性问题，如果采用传统OLS方法估计空间计量模型会使结果发生偏误，因此，本书采用最大似然估计法（MLE）来估计模型中的参数。Hausman检验表明固定效应模型优于随机效应，且比较LM和LM Robust统计量可以发现，LM Lag和LM Lag（Robust）统计值至少在5%的水平上显著，而LM Error和LM Error（Robust）统计值均未通过显著性检验，根据Anselin等（1996）提出的空间模型形式判别准则，空间滞后模型（SLM）是合适的空间模型形式。计量检验结果见表5－4。

在表5－4中，回归方程（1）～方程（6）汇报了全样本29个省市区制度质量和隐性经济对环境污染影响的估计结果。具体来看，模型（1）分析了基于地理距离权重的各省份制度质量和隐性经济对环境污染的影响。使用人均工业废气排放量（EP1）这一环境污染指标作为被解释变量，制度质量指标（单位公职人员职务犯罪案件立案数，COR1）、隐性经济（SE）和两者的交互项作为关键解释变量，经济发展水平（Y）及平方项和产业结构（IS）等作为控制变量。结果表明，空间滞后系数ρ为正且在1%的水平上显著，表明污染排放存在空间正自相关；制度质量系数为0.16且在5%的水平上显著，即制度质量弱化水平的上升会促进污染排放；隐性经济系数为0.04且在5%的水平上显著，即隐性经济规模的扩大会促进污染排放；制度质量弱化和隐性经济交互项系数为0.01且在1%的水平上显著，即制度质量弱化与隐性经济交互作用促进了污染排放。

表5－4　制度质量和隐性经济对环境污染影响的空间计量结果

解释变量	EP1			EP2		
	（1）	（2）	（3）	（4）	（5）	（6）
COR1	0.16** （0.09）	0.16** （0.09）	0.14** （0.09）	0.26** （0.11）	0.30*** （0.11）	0.29*** （0.11）
SE	0.04** （0.02）	0.04** （0.02）	0.04** （0.02）	0.05** （0.02）	0.05** （0.02）	0.05** （0.02）
COR1×SE	0.01*** （0.01）	0.01*** （0.01）	0.01*** （0.01）	0.01*** （0.01）	0.01** （0.01）	0.01** （0.01）
是否加入控制变量	Yes	Yes	Yes	Yes	Yes	Yes

续表

解释变量	EP1			EP2		
	(1)	(2)	(3)	(4)	(5)	(6)
ρ	0.29*** (0.06)	0.29*** (0.04)	0.24*** (0.04)	0.68*** (0.13)	0.14** (0.07)	0.03* (0.06)
R^2	0.86	0.84	0.79	0.88	0.81	0.79
权重类型	W_D	W_E	W_M	W_D	W_E	W_M
样本数	522	522	522	522	522	522

注：***、**、*分别表示在1%、5%、10%的水平上显著；括号内为标准差；W_D、W_E和W_M分别表示地理距离权重矩阵、经济距离权重矩阵和混合权重矩阵。

模型（2）分析了基于经济距离权重的各省份制度质量和隐性经济对环境污染的影响。使用人均工业废气排放量（EP1）作为被解释变量，制度质量指标（单位公职人员职务犯罪案件立案数，COR1）、隐性经济（SE）和两者的交互项作为关键解释变量，经济发展水平（Y）及平方项和产业结构（IS）等作为控制变量。结果表明，空间滞后系数ρ为正且在1%的水平上显著，表明污染排放存在空间正自相关，制度质量系数为0.16且在5%的水平上显著，隐性经济系数为0.04且在5%的水平上显著，即隐性经济规模的扩大会促进污染排放，制度质量弱化和隐性经济交互项系数为0.01且在1%的水平上显著，即制度质量弱化与隐性经济交互作用促进了污染排放。

模型（3）分析了基于混合权重的各省份制度质量和隐性经济对环境污染的影响。使用人均工业废气排放量（EP1）作为被解释变量，制度质量指标（单位公职人员职务犯罪案件立案数，COR1）、隐性经济（SE）和两者的交互项作为关键解释变量，经济发展水平（Y）及平方项和产业结构（IS）等作为控制变量。结果表明，空间滞后系数ρ为正且在1%的水平上显著，表明污染排放存在空间正自相关，制度质量系数为0.14且在5%的水平上显著，隐性经济系数为0.04且在5%的水平上显著，即隐性经济规模的扩大会促进污染排放，制度质量弱化和隐性经济交互项系数为0.01且在1%的水平上显著，即制度质量弱化与隐性经济交互作用促进了污染排放。

模型（4）分析了基于地理距离权重的各省份制度质量和隐性经济对环境污染的影响。使用人均工业废水排放量（EP2）作为被解释变量，制度质量指标（单位公职人员职务犯罪案件立案数，COR1）、隐性经济（SE）和两者的交互项作为关键解释变量，经济发展水平（Y）及平方项和产业结构（IS）等作为控制变量。结果表明，空间滞后系数ρ为正且在1%的水平上显著，表明污染排放存在空间正自相关，制度质量系数为0.26且在5%的水平上显著，隐性经济系数为

0.05且在5%的水平上显著，即隐性经济规模的扩大会促进污染排放，制度质量弱化和隐性经济交互项系数为0.01且在1%的水平上显著，即制度质量弱化与隐性经济交互作用促进了污染排放。

模型（5）分析了基于经济距离权重的各省份制度质量和隐性经济对环境污染的影响。使用人均工业废水排放量（EP2）作为被解释变量，制度质量指标（单位公职人员职务犯罪案件立案数，COR1）、隐性经济（SE）和两者的交互项作为关键解释变量，经济发展水平（Y）及平方项和产业结构（IS）等作为控制变量。结果表明，空间滞后系数ρ为正且在5%的水平上显著，表明污染排放存在空间正自相关，制度质量系数为0.3且在1%的水平上显著，隐性经济系数为0.05且在5%的水平上显著，即隐性经济规模的扩大会促进污染排放，制度质量弱化和隐性经济交互项系数为0.01且在5%的水平上显著，即制度质量弱化与隐性经济交互作用促进了污染排放。

模型（6）分析了基于混合权重的各省份制度质量和隐性经济对环境污染的影响。使用人均工业废水排放量（EP2）作为被解释变量，制度质量指标（单位公职人员职务犯罪案件立案数，COR1）、隐性经济（SE）和两者的交互项作为关键解释变量，经济发展水平（Y）及平方项和产业结构（IS）等作为控制变量。结果表明，空间滞后系数ρ为正且在10%的水平上显著，表明污染排放存在空间正自相关，制度质量系数为0.29且在1%的水平上显著，隐性经济系数为0.05且在5%的水平上显著，即隐性经济规模的扩大会促进污染排放，制度质量弱化和隐性经济交互项系数为0.01且在5%的水平上显著，即制度质量弱化与隐性经济交互作用促进了污染排放。

综合以上分析可以发现，环境污染指标无论是采用人均工业废气排放量（EP1）还是人均工业废水排放量（EP2），空间权重矩阵无论是采用地理距离权重W_D、经济距离权重W_E还是混合权重W_M，空间滞后系数均显著为正，表明地区间的污染排放在空间上具有显著的外溢性。制度质量指标均显著为正，与第四章结果一致。隐性经济系数均显著为正，且在各方程之间差异不大，表明隐性经济规模的扩大会促进污染排放。隐性经济存在的意义之一就是规避包括环境规制在内的各项政府规章制度的约束，相较于同规模的官方经济，隐性经济必然会排放更多的污染物，因此，隐性经济规模的扩大会显著促进污染排放。制度质量弱化和隐性经济交互项系数均显著为正，且在各方程之间差异不大，表明制度质量弱化不仅会降低环境规制实施力度直接促进污染排放，还会与隐性经济交互作用促进污染排放，与上文理论模型结论一致，即制度质量弱化水平的上升会增加正式部门运行成本，弱化对隐性经济部门的监管力度（模型中是非正式部门预期罚金成本），因此，企业将正式部门生产活动转移到隐性经济的激励上升，隐性经济

规模和污染排放均增加。研究结论也符合现实情形，在制度质量弱化严重的地区，政府官员贪污和以权谋私问题也十分突出，这使企业承担的各类显性和隐性税费负担也较重；由于隐性经济生产活动较为灵活隐蔽，且监管难度大，而制度质量弱化了官员实际监管水平，导致对隐性经济活动监管不足，因此，企业有动力将部分生产活动转移至或直接外包给隐性经济部门，导致隐性经济规模扩大、污染排放增加。此外，结合上文有关隐性经济发生原因的分析可知，制度质量越严重的地区，初次分配中分配给政府部门的比例越高，相应的居民部门收入越低；经济增长越慢，正式部门失业率越高；行政效率低下，政府实际管制力度较弱；采用个体经营形式规避纳税与监管的自我雇佣者越多。这些也会导致隐性经济规模增加，进而促进污染排放。

五、稳健性检验

为了确保实证结果的稳健性，本书进行了如下稳健性检验：第一，除了采用地理距离权重矩阵之外，还采用经济距离权重矩阵和混合权重矩阵，环境污染指标除了采用工业废气排放之外还采用工业废水排放，以检验实证结果对不同权重矩阵和污染指标的稳健性，这一分析的结果见表5-4。从上文的分析可知，同一污染指标不同权重矩阵下制度质量、隐性经济及两者交互项等关键解释变量的系数符号均是相同的，系数估计值也只有较小的差异；在不同污染指标下制度质量、隐性经济及两者交互项等关键解释变量的系数也均是相同的，这表明实证结果具有稳健性。第二，除了使用单位公职人员职务犯罪案件立案数来衡量制度质量弱化水平之外，还使用各省份单位人口职务犯罪案件立案数（COR2）和各省份公职人员中女性人员占比（COR3）分别作为制度质量弱化的替代变量来进行回归分析，其检验结果分别见表5-5和表5-6。

表5-5 制度质量和隐性经济对环境污染影响的稳健性检验（a）

解释变量	EP1			EP2		
	(1)	(2)	(3)	(4)	(5)	(6)
COR2	0.09*** (0.11)	0.08*** (0.11)	0.07*** (0.11)	0.32** (0.13)	0.38*** (0.13)	0.37*** (0.13)
SE	0.02** (0.02)	0.02** (0.02)	0.02** (0.02)	0.07*** (0.03)	0.08*** (0.03)	0.08*** (0.03)
COR2×SE	0.01*** (0.01)	0.01** (0.01)	0.01** (0.01)	0.02*** (0.01)	0.02*** (0.01)	0.02*** (0.01)
是否加入控制变量	Yes	Yes	Yes	Yes	Yes	Yes

续表

解释变量	EP1			EP2		
	(1)	(2)	(3)	(4)	(5)	(6)
ρ	0.29*** (0.06)	0.28*** (0.04)	0.23*** (0.04)	0.67*** (0.13)	0.14** (0.07)	0.04* (0.06)
R^2	0.84	0.88	0.85	0.87	0.87	0.83
权重类型	W_D	W_E	W_M	W_D	W_E	W_M
样本数	522	522	522	522	522	522

注：***、**、*分别表示在1%、5%、10%的水平上显著；括号内为标准差；W_D、W_E和W_M分别表示地理距离权重矩阵、经济距离权重矩阵和混合权重矩阵。

表5-6　制度质量和隐性经济对环境污染影响的稳健性检验（b）

解释变量	EP1			EP2		
	(1)	(2)	(3)	(4)	(5)	(6)
COR3	-0.02* (0.01)	-0.02** (0.01)	-0.02** (0.01)	-0.01* (0.01)	-0.01* (0.01)	-0.01* (0.01)
SE	0.01** (0.02)	0.01** (0.02)	0.01** (0.02)	0.01** (0.02)	0.01** (0.02)	0.01** (0.02)
COR3×SE	-0.01*** (0.01)	-0.01*** (0.01)	-0.01*** (0.01)	-0.01*** (0.01)	-0.01*** (0.01)	-0.01*** (0.01)
是否加入控制变量	Yes	Yes	Yes	Yes	Yes	Yes
ρ	0.29*** (0.06)	0.29*** (0.04)	0.24*** (0.04)	0.68*** (0.13)	0.13* (0.07)	0.04 (0.06)
R^2	0.78	0.78	0.82	0.85	0.86	0.82
权重类型	W_D	W_E	W_M	W_D	W_E	W_M
样本数	522	522	522	522	522	522

注：***、**、*分别表示在1%、5%、10%的水平上显著；括号内为标准差；W_D、W_E和W_M分别表示地理距离权重矩阵、经济距离权重矩阵和混合权重矩阵。

从表5-5和表5-6可以看出，当用各省份单位人口职务犯罪案件立案数作为制度质量弱化指标时，制度质量系数为正且至少在5%的水平上显著、隐性经济系数为正且至少在5%的水平上显著、两者交互项系数为正且至少在5%的水平上显著；当用各省份公职人员中女性人员占比作为制度质量弱化的替代变量

时，制度质量的系数为负且至少在10%的水平上显著、隐性经济系数为正且至少在5%的水平上显著、两者交互项系数为负且至少在1%的水平上显著，均与预期一致。以上结果说明表5－5和表5－6关键解释变量的估计结果与表5－4基本一致，只是显著性稍有变化，进一步证明了实证结果的稳健性。

六、分地区样本实证结果及分析

我国东中西部地区在经济发展水平和市场化程度等方面差异显著，这可能会影响制度质量和隐性经济对环境污染的作用。因此，本书将全部省份分为东、中、西部三大区域，探讨不同样本制度质量和隐性经济对环境污染影响的差异。在进行实证分析之前，仍要结合Hausman检验和LM检验确定空间计量模型的具体形式，结果发现东中西部地区均适用固定效应的空间滞后模型。计量结果见表5－7，其中各个模型均采用地理距离矩阵W_D作为权重矩阵。

从表5－7可以发现，环境污染指标无论是采用人均工业废气排放量（EP1）还是人均工业废水排放量（EP2），模型（1）～模型（6）的空间滞后系数均显著为正，表明东中西各个地区之内各省份间的污染排放在空间上均具有显著的外溢性和空间效应。制度质量、隐性经济指标及其交互项等关键解释变量的系数均显著为正，与全样本检验结果一致。进一步比较可发现，东部地区工业废气和工业废水回归方程的制度质量和隐性经济交互项系数均略低于中部和西部地区，表明东部地区制度质量和隐性经济交互作用对污染排放的促进作用低于中西部地区，但差异不是很大。这是因为相较于中西部地区，东部地区的经济发展和生产技术整体水平更高，因此，隐性经济部门生产率也更高，在相同的制度质量弱化水平和隐性经济规模下造成的环境污染相对较小；东部地区居民环保意识更强，民间各类环保组织也更多，隐性经济部门污染排放行为受到的群众监督和约束更多，在相同的制度质量弱化水平和隐性经济规模下排放较中西部地区更少，因此，东部地区隐性经济和制度质量交互作用对污染排放的影响较中西部更低。

表5－7 不同地区空间计量检验结果

解释变量	东部		中部		西部	
	EP1	EP2	EP1	EP2	EP1	EP2
	(1)	(2)	(3)	(4)	(5)	(6)
COR1	0.01 * (0.14)	0.59 *** (0.16)	0.02 * (0.15)	0.71 *** (0.16)	0.03 * (0.17)	0.68 *** (0.18)
SE	0.01 ** (0.03)	0.14 *** (0.03)	0.05 ** (0.04)	0.21 *** (0.04)	0.04 ** (0.03)	0.13 *** (0.03)

续表

解释变量	东部		中部		西部	
	EP1	EP2	EP1	EP2	EP1	EP2
	(1)	(2)	(3)	(4)	(5)	(6)
COR1 × SE	0.01** (0.01)	0.04*** (0.01)	0.02** (0.01)	0.06*** (0.01)	0.02** (0.01)	0.05*** (0.01)
是否加入控制变量	Yes	Yes	Yes	Yes	Yes	Yes
ρ	0.01** (0.08)	0.36*** (0.12)	0.28*** (0.08)	0.09** (0.12)	0.34*** (0.08)	0.56*** (0.15)
R^2	0.83	0.80	0.83	0.92	0.89	0.84
权重类型	W_D	W_D	W_D	W_D	W_D	W_D
样本数	198	198	144	144	180	180

注：***、**、* 分别表示在1%、5%、10%的水平上显著；括号内为标准差。

第五节　本章小结

本章通过理论模型和实证检验的方法来分析制度质量与隐性经济交互作用对环境污染的影响。在理论模型方面，本章构建了一个存在正式生产部门、非正式生产部门和官员的动态博弈模型，探讨了制度质量和隐性经济交互作用对环境污染的内在作用机制，结果发现，非正式部门生产可以规避政府规制的约束，因此，隐性经济规模上升会增加污染排放；官员比例上升会降低企业非正式部门组织生产预期罚金成本（即隐性经济部门监管力度减弱）、增加正式部门的运营成本，因此，企业将正式部门生产活动转移到非正式部门的激励上升，隐性经济规模扩大，即制度质量弱化通过扩大隐性经济规模促进污染排放。基于理论分析基础，利用1998～2015年中国省际面板数据和空间计量模型实证研究了地方政府制度质量弱化和隐性经济交互作用对环境污染的影响，并进一步分析了东中西不同区域影响的差异。结果表明：①环境污染指标无论是采用人均工业废气排放量还是人均工业废水排放量，空间权重矩阵无论是采用地理距离权重、经济距离权重还是混合权重，隐性经济系数均显著为正，表明隐性经济规模的扩大会促进污染排放；②制度质量弱化和隐性经济交互项系数均显著为正，表明制度质量弱化

不仅会降低环境规制实施力度直接促进污染排放，也会通过扩大隐性经济规模促进污染排放，证实了理论模型结论；③不同区域制度质量弱化和隐性经济交互作用对环境污染的影响存在差异，东部地区制度质量和隐性经济交互作用对污染排放的促进作用低于中西部地区。

第六章　制度质量、外商直接投资和环境污染

第一节　外商直接投资和环境污染

第三章讨论的是封闭经济条件下制度质量弱化对环境污染的作用机理，本章将分析开放经济条件下外商直接投资对环境污染的作用是否受制度质量程度影响。改革开放以来，进入我国的FDI资金逐年增加，并成为近些年推动我国经济快速增长的重要因素，1985～2015年我国外商直接投资实际使用情况见图6－1。从图6－1可见，1985～2015年进入我国的外商直接投资呈持续上升趋势，1985年我国实际使用外商直接投资仅19.56亿美元，到2015年实际使用外商直接投资达1262.67亿美元，是1985年的64倍，实际使用外资年均增长23%[①]。虽然我国从1978年就开始实施改革开放政策，但直到1992年外资才开始大规模流入，这可能是因为1992年后改革开放的政策才在各地真正得到贯彻落实。之后受1997年金融危机的影响FDI投资增速短暂下降，但随着中国加入WTO，对外开放程度进一步提高，FDI又呈高速流入态势。

但随着FDI快速流入的是我国环境质量日益恶化，这不禁让人产生这样的疑问：FDI和环境污染之间存在怎样的关系？现有文献关于FDI对东道国环境质量的影响有三种观点：第一种观点认为，是污染天堂假说，即认为FDI流入恶化环境质量；第二种观点认为，是污染光环假设，即认为FDI带来更先进的生产技术进而有利于环境质量；第三种观点认为，FDI对环境污染存在一个复杂的影响机制。无论FDI对我国环境质量会产生正向影响还是负向影响，一个不争的事实是

① 资料来源于《中国统计年鉴》。

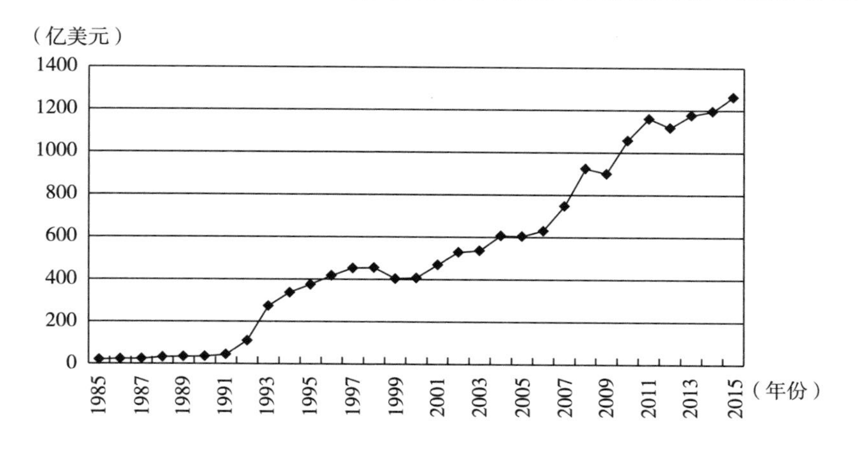

图 6 - 1 中国历年实际利用外商直接投资情况统计

我国环境规制的不健全、不完善与较低的人工、土地成本一起成为改革开放以来吸引 FDI 大量进入的因素之一。但需要说明的是，利用发展中国家较弱环境规制的 FDI 都符合东道国的相关环境规制，他们在发展中国家设立工厂的原因可能是无法满足发达国家较高的环境规制要求，或在发展中国家采用污染率较高的生产技术可以大幅降低生产成本。但如果发展中国家的制度质量弱化情况较为严重，那么以往因不符合发展中国家环境规制而不能投资进入的技术水平更低的 FDI 可能通过贿赂当地政府官员进入并进行生产，已经进入的 FDI 如果采用更高污染率的生产技术能获得更大利润也会通过贿赂官员来降低生产技术水平，这将会造成更大的环境污染排放。以上分析表明低质量、不清洁的 FDI 与制度质量交互作用也会导致环境质量下降，但现有文献还未有研究这一机制对环境污染的影响，本章将通过理论建模和面板数据实证分析来对这一问题进行研究。

第二节 制度质量和外商直接投资影响环境污染理论模型

一、模型基本设定

本书借鉴 Fujita 和 Thisse（2006）理论模型的构建思路，假设每个消费者消费数量为 M 的工业产品和数量为 A 的农业产品，效用函数采用 CES 函数形式：

$$U = M^{\mu}A^{1-\mu}, \quad M = [\int_0^n q(z)^{\frac{\sigma-1}{\sigma}}dz]^{\frac{\sigma}{\sigma-1}}, \quad \mu \in [0, 1], \quad \sigma > 0 \tag{6-1}$$

其中，工业产品共有 n 类，$q(z)$ 表示第 z 种工业产品的需求量，σ 表示不同种类工业产品之间的不变替代弹性。Y 表示消费者的名义收入，其中 μ 份额用于购买工业品，$1-\mu$ 份额用于购买农业产品，因此，预算约束是 $PM + p_A A = Y$，其中p_A表示农业品的价格，P 表示各种工业品的综合价格指数：

$$P = [\int_0^n p(z)^{1-\sigma}dz]^{\frac{1}{1-\sigma}} \tag{6-2}$$

$p(z)$ 是第 z 类工业产品的价格。生产 z 类工业产品的企业面对的市场总需求是：

$$q(z) = \mu Y P^{\sigma-1}p(z)^{-\sigma} \tag{6-3}$$

假设存在两种国家，即发达国家和发展中国家，发达国家经济发展水平和对两种产品的市场需求量均较高，而且环境规制和政府治理水平也更高，因而制度质量弱化水平较低。商品在两种国家之间进行贸易，交易成本 τ 采用冰山成本形式。假设农业品的交易成本为0，在不同国家的价格均相同，且农业品价格为单位价格。每个工业产品生产企业包括总部和工厂两部分，熟练工人在总部工作，非熟练工人在生产工厂工作，且工厂生产在工业品过程中会产生并排放污染物。下面将对工厂的区位选择进行分析，虽然工厂设立在市场需求量更高的发达国家可以降低贸易成本，但要受到较高环境规制的约束，因而污染成本较高；虽然设立在发展中国家可以利用环境规制较低的优势，但要承担更高的贸易成本，此外，由于发展中国家政府治理水平低、制度质量弱化问题严重，因而也需要承担较高的制度质量弱化成本，例如，当设立工厂时，向当地官员的行贿支出，因此，工厂在选择厂址时要对这些成本进行对比分析。

显然生产工厂不同的区位选择会影响企业生产工业品的总成本：

$$TC_{ij}(z) = c_j + f_i w_i^H + v_i e_j w_j^L q(z), \quad z \in [0, n], \quad c_j \in [0, 1], \quad e_j \geqslant 1 \tag{6-4}$$

其中，TC 表示企业总成本，$i=j$ 表示企业的总部和工厂位于同一国家，这里记为发达国家国内企业；$i \neq j$ 表示企业的总部和工厂位于不同的国家，记为跨国企业。f 和 v 表示企业所需要的熟练和非熟练劳动力人数，w^H和w^L分别表示熟练和非熟练劳动力工资。e_i表示环境标准，假设环境标准会影响生产的可变成本。c_i表示企业生产的固定成本，其中包括制度质量弱化成本，因而该成本与各国制度质量弱化水平相关。

在 Dixit-Stiglitz 垄断竞争假设下，国内企业利润最大化的出厂价格为$p_i^*(z) = w_i^L \sigma v_i e_i / (\sigma-1)$，跨国公司的出厂价格为$p_j^*(z) = w_j^L \sigma v_i e_j / (\sigma-1)$。由于贸易成本为$\tau_{ij}$，因此，国内企业和跨国企业出厂价格之间满足$p_{ij}^*(z) = \tau_{ij} p_i^*(z)$，可以发现，贸易成本和各国生产效率、环境标准的不同是企业出厂价格存在差异的

原因。

结合式（6－3），总部和工厂都位于 i 国的国内企业均衡利润是：

$$\pi_{ii}^{*}=p_i^{1-\sigma}MA_i-c_i-f_iw_i^H,\ i\neq j \quad (6-5)$$

且

$$MA_i=MAd_i+MAf_i,\ i\neq j \quad (6-6)$$

其中，

$$MAd_i=\frac{Y_i}{P_i^{1-\sigma}}\tau_{ii}^{1-\sigma},\ MAf_i=\sum\nolimits_j MAb_{ij},\ MAb_{ij}=\frac{Y_j}{P_j^{1-\sigma}}\tau_{ij}^{1-\sigma},\ i\neq j \quad (6-7)$$

MA_i表示按距离加权的各国总市场需求，MAd_i表示本国市场需求，MAf_i表示其他国家消费者总需求。

总部和工厂位于不同国家的跨国企业均衡利润是：

$$\pi_{ij}^{*}=p_j^{1-\sigma}MA_j-c_j-f_iw_i^H \quad (6-8)$$

对比式（6－5）和式（6－8）中的π_{ii}^{*}和π_{ij}^{*}表达式可发现，企业将工厂和总部设立在同一个国家或是不同国家的决定取决于两国的市场需求、贸易成本、环境标准以及制度质量弱化水平。

上面的分析表明工厂设立于 i 或 j 国取决于π_{ii}和π_{ij}的大小，自由进入条件表明，总部既可以在 i 国也可以在 j 国，因此，市场达到均衡时有：

$$\max\{\pi_{ii}^{*},\ \pi_{ij}^{*},\ \pi_{ji}^{*},\ \pi_{jj}^{*}\}=0 \quad (6-9)$$

二、模型求解

为了求解模型，我们假设只有两个国家，即属于发展中国家的南国 S 和属于发达国家的北国 N，并假设所有企业的总部和熟练劳动都在北国。按照上文的假设，南国的制度质量弱化问题更严重，因而在南国组织生产的固定成本更高，即$c_S>c_N$；北国的环境规制更严格，即$e_N>e_S$。在北国既有熟练劳动也有非熟练劳动，而南国只有非熟练劳动，则两国的国民收入是：

$$Y_N=w_N^HH+w_N^LL_N,\ Y_N=w_S^LL_S \quad (6-10)$$

其中，L 和 H 分别表示各国非熟练工人数和熟练工人数，w^L和w^H分别表示非熟练工人工资和熟练工人工资。将两国非熟练工人总数和熟练工人数均标准化为 1，即 $H=1$，$L_N+L_S=1$。每个企业对熟练工人的需求是f，将其标准化为 1，即$f=1$。

总部和工厂都设在北国的发达国家国内企业和总部位于北国、工厂设在南国的跨国企业的利润分别是：

$$\pi_{NN}=\frac{\mu}{\sigma n}\left(\frac{Y_N}{s_N+\phi s_S\zeta}+\phi\frac{Y_S}{\phi s_N+s_S\zeta}\right)-c_N-w_N^H \quad (6-11)$$

$$\pi_{NS}=\frac{\mu}{\sigma n}\zeta\left(\phi\frac{Y_N}{s_N+\phi s_S\zeta}+\frac{Y_S}{\phi s_N+s_S\zeta}\right)-c_S-w_N^H \quad (6-12)$$

其中，$\zeta\equiv(e_N/e_S)^{\sigma-1}$是北国与南国的相对环境标准，$\zeta=1$ 表示南北两国环境标准无差异；$\phi\equiv\tau^{1-\sigma}$表示贸易开放度，$\phi=0$ 表示无国际贸易的自给自足情形，$\phi=1$ 表示自由贸易情形；n_N表示位于北国的企业数，n 表示南北两国企业总数，因此，$s_N=n_N/n$ 表示北国企业所占份额，$s_S=1-s_N$表示南国企业所占份额。按照上文的假设，属于发达国家的北国市场需求大，市场规模效应吸引企业在北国设立工厂；但随着北国企业的增多市场竞争也愈加激烈，市场拥挤效应使部分企业转而在他国设立工厂。

三、环境规制、外商直接投资和环境污染

首先分析南北两国均无制度质量的情形，即$c_S=c_N=0$，求解$\pi_{NN}=\pi_{NS}$可得到均衡时南国企业份额：

$$s_N^*=\frac{\zeta}{(\zeta-\varphi)}\ \frac{2\zeta\phi-1-\phi^2-\mu(1-\phi^2)/\sigma}{2(\zeta\phi-1)} \tag{6-13}$$

式（6－13）对 ζ 进行求导得到：

$$\frac{\partial\ s_N^*}{\partial\ \zeta}=-\frac{NUM}{2\ (\zeta-\phi)^2(\zeta\phi-1)^2} \tag{6-14}$$

由于分母为正，我们主要分析分子 NUM，即

$$NUM=\phi[b(1-\zeta^2)(1-\phi^2)+(1-\zeta\phi)^2+\phi(\phi-2\zeta)+\zeta^2]$$

其中，$b=\mu/\sigma$，由上文 $\sigma>1$，又由于 $\mu<1$，因此，$b<1$。由于 NUM 相较于 ζ 是上凹的，求解$\frac{\partial\ NUM}{\partial\ \zeta}=0$ 可得到唯一解$\underline{\zeta}=\frac{2\phi}{1-b+\phi^2\ (1+b)}$，$NUM$ 在$\underline{\zeta}$处达到最小值 $NUM\ (\underline{\zeta})\ =\frac{\phi\ (1-b^2)\ (1-\phi^2)^2}{1-b+\phi^2\ (1+b)}$，且该最小值为正。分子也为正使$\frac{\partial\ s_N^*}{\partial\ \zeta}$为负，因此，对于任意$\zeta>\underline{\zeta}$，即当北国环境规制相较于南国上升时，北国企业份额逐渐下降，工厂开始向南国转移，直至所有工厂均转移到南国，结合式（6－13）可得对应的临界值是$\bar{\zeta}=\frac{1-b+\phi^2\ (1+b)}{2\phi}$。

由上述分析可得到如下结论：如果南北两国均不存在制度质量弱化，且当两国环境规制差异较小时，所有企业均会把工厂设立在北国；当环境规制差距较大时，企业为规避北国严格的环境规制会将生产工厂转移到南国，因而南国的环境污染上升，并逐渐成为发达国家跨国企业的污染天堂。

当发达国家和发展中国家环境规制水平差距较大时，由于跨国企业在环境规制标准较低的发展中国家组织生产可以避免或降低在发达国家为遵守高标准环境规制所必须付出的成本，因而主动将污染密集型产业或夕阳产业通过 FDI 转移到

发展中国家，导致发展中国家环境质量下降，这与以往文献中的“污染天堂”假说相一致。

四、制度质量、外商直接投资和环境污染

当存在制度质量弱化时，按照上文假设将导致企业固定成本上升，但是向官员行贿可以降低环境规制实施力度，因此，将导致实际环境规制降低，用式(6－15)表示这一机制：

$$e_i \equiv E_i - c_i^{cor} \quad (6-15)$$

其中，E_i表示名义环境规制，e_i表示实际环境规制，c_i^{cor}表示制度质量弱化水平。根据上文假设，南国制度质量弱化水平较北国更高，因此，制度质量弱化的存在进一步扩大了南国和北国实际环境规制的差距，即 ζ 进一步上升，结合式（6－13）可知这将促使更多的北国企业将污染工厂转移至南国，污染天堂现象更加严重。

当不存在制度质量弱化时，为规避发达国家较高环境规制而将生产工厂转移至发展中国家的 FDI，虽然增加了当地污染排放，但从法律角度看这些 FDI 完全符合发展中国家相关环境规制。但是如果存在制度质量弱化，以往因不符合发展中国家名义环境标准而不能进入的 FDI 通过行贿政府官员使实际环境规制隐性降低，进而投资组织生产，这导致在发展中国家投资建厂的污染企业增加，污染排放也将随之增加，污染天堂现象更加严重。

第三节　制度质量和外商直接投资影响环境污染实证分析

一、计量模型设定

这部分基于面板数据回归模型对理论模型的结论进行实证检验。为了估计制度质量和外商直接投资对环境污染的影响，并结合式（4－2），本章使用如下计量方程：

$$EP_{it} = \beta_0 + \beta_1 COR_{it} + \beta_2 FDI_{it} + \beta_3 COR_{it} \times FDI_{it} + \beta_4 Z_{it} + u_i + \varepsilon_{it} \quad (6-16)$$

其中，下标 i 和 t 分别表示省份和时间。*EP* 和 *COR* 与第四章的含义相同，*FDI* 是外商直接投资，因此，β_2衡量了外商直接投资对环境污染的直接影响。根据理论模型，发展中国家较低的环境规制吸引发达国家高污染产业资本投资生

产，使发展中国家污染排放上升，因此，预期β_2显著为正。$COR \times FDI$ 是外商直接投资和制度质量的交互项，因此，β_3衡量了制度质量和外商直接投资交互作用影响环境污染的程度，显然制度质量弱化程度越严重，通过行贿政府官员降低实际环境规制水平才能进入本国组织生产的高污染 FDI 越多，因此，预期β_3符号为正。Z 表示影响环境污染的控制变量，u_i表示不随时间变化的地区固定效应，ε_{it}表示随机扰动项。

根据地理学第一定律“任何事物与其他事物都有一定的联系，且较近的事物之间的联系更紧密”。受自然因素影响，一个地区的环境状况必定与邻近地区的环境质量紧密相关，而地区之间经济生产活动的相互联系又增强了环境质量的关联。为了体现环境污染的空间相关性，本书构建空间滞后模型（Spatial Lag Model，SLM）和空间误差模型（Spatial Errors Model，SEM），具体来说：

空间滞后模型（SLM）认为，空间相关性仅来自于被解释变量，即相邻地区中只有污染排放会影响本地区的环境质量，对应的计量模型为：

$$EP_{it} = \rho W EP_{it} + \beta_0 + \beta_1 COR_{it} + \beta_2 FDI_{it} + \beta_3 COR_{it} \times FDI_{it} + \beta_4 Z_{it} + u_i + \varepsilon_{it} \tag{6-17}$$

其中，ρ 表示空间回归系数，W 表示已知的 $n \times n$ 空间权重矩阵，空间相关性仅由 ρ 来刻画，它反映了邻近地区污染排放影响本地区环境质量的方向和程度。

空间误差模型（SEM）认为，空间相关性通过误差项来体现，即对本地区环境质量有影响的存在空间相关性的是不包含在已知解释变量中的遗漏变量，或是不可观测的随机冲击存在空间相关性，对应的计量模型为：

$$EP_{it} = \beta_0 + \beta_1 COR_{it} + \beta_2 FDI_{it} + \beta_3 COR_{it} \times FDI_{it} + \beta_4 Z_{it} + u_i + \varepsilon_{it}$$
$$\varepsilon_{it} = \lambda W \varepsilon_{jt} + v_{it} \tag{6-18}$$

其中，λ 是空间误差系数，反映了被解释变量的误差冲击对本地区环境质量的影响方向和程度，v_{it}是随机误差项。

二、变量说明

囿于各省份制度质量弱化数据可得性，本章研究时期从 1994 年开始，最新的数据允许扩展至 2015 年，因此，本章的研究时期为 1994 ~ 2015 年。由于西藏各类数据缺失较为严重，因而不在研究范围之内，重庆 1997 年才单独列为直辖市，为保证前后数据的一致性，将四川与重庆数据合并，最终本章的研究样本为 1994 ~ 2015 年 29 个省份的面板数据，样本观测值共 638 个。相关变量说明如下：

环境污染（EP），包括大气污染、水污染、噪声污染和土壤污染等。由于我国的环境污染以工业污染为主，因此，已有的文献多采用工业“三废”中某一

种或某几种污染物作为我国环境污染的衡量指标。考虑到近些年来我国工业固体废物综合利用率不断提高，全国每年工业固体废物排放总量从 2000 年的 3186 万吨减少至 2015 年的 56 万吨[①]，2008 年以后很多省份的工业固体废物排放量不足万吨，这表明工业固体废物已不再是我国的主要污染物。有鉴于此，本书使用人均工业废气（EP1）和人均工业废水（EP2）排放量作为环境污染的代理变量。

COR 表示制度质量水平。在《中国检察年鉴》中各省份工作报告会披露每年各地方检察机关立案侦查的贪污、贿赂和渎职侵权等职务犯罪案件数，本章用这一数据表征各地区制度质量弱化程度。为了剔除政府规模和各地区人口总数的影响，本章最终用单位公职人员职务犯罪案件立案数（COR1）作为制度质量弱化的代理变量，为保证回归结果的稳健性，还选择各省份单位人口职务犯罪案件立案数（COR2）和各省份公职人员中女性人员占比（COR3）作为制度质量弱化的替代变量。

外商直接投资（FDI），用实际外商直接投资额占 GDP 比重表示。在计算时利用各年人民币兑换美元汇率（年平均价）将用美元计价的每年各地区实际利用外商直接投资额换算为人民币价格，再得到占 GDP 份额。FDI 从两个方面影响环境污染，一方面，FDI 有利于促进流入地相关产业的生产和经济总规模的扩大，会加剧环境污染；另一方面，相较于原有的生产企业，FDI 往往能带来更先进的生产技术和减排技术，技术溢出效应会降低当地环境污染，因此，FDI 对环境污染的总效应不确定。各地区每年利用外商直接投资额数据来自《新中国六十年统计资料汇编》和万得资讯，人民币兑换美元年平均汇率来自《中国统计年鉴》和《新中国六十年统计资料汇编》。

W 表示空间权重矩阵，衡量不同地区之间的地理距离或经济联系程度。假设地区 i 和 j 之间的距离为w_{ij}，那么空间权重矩阵为：

$$W=\begin{pmatrix} w_{11} & \cdots & w_{1n} \\ \vdots & \ddots & \vdots \\ w_{n1} & \cdots & w_{nn} \end{pmatrix}$$

显然 W 为 $n \times n$ 对称方阵，且对角线元素$w_{11}=\cdots=w_{nn}=0$，即某地区和自身距离为0。现有研究最常使用的空间矩阵为地理邻接矩阵，又称 0－1 矩阵，当地区 i 和 j 空间上相接时，$w_{ij}=1$；当地区 i 和 j 不相接时，$w_{ij}=0$，可以发现地理邻接矩阵仅认为空间上相接的地区之间才存在空间相关，不相接的地区则不存在空间相关，因此，在衡量各地区空间相关性上存在缺陷。本书按照不同的研究目的选取以下三种权重矩阵，第一种是地理距离权重矩阵W_D，当 $i \neq j$ 时，矩阵元素$w_{ij}=1/d_{ij}$，当 $i=j$ 时，$w_{ij}=0$，其中d_{ij}是省会城市之间的欧氏距离，显然地区间

① 资料来源于《中国环境统计年鉴》（2016）。

地理距离越小，则权重越大，相互影响也越强。第二种是经济距离权重矩阵W_E，参照林光平等（2005）和李胜兰等（2014）的研究，本书用两省份人均地区生产总值的差值的倒数表示地区间经济权重，即当$i \neq j$时，矩阵元素$w_{ij} = 1/|gdp_i - gdp_j|$，$gdp_i$和$gdp_j$分别表示地区 i 和 j 的人均 GDP，经济权重考虑了不同地区经济发展水平的差异，且经济发展水平相近的地区环境污染可能存在较强空间相关性。第三种是混合权重矩阵W_M，该权重同时考虑了地理距离和经济距离对研究变量的影响，计算方法为$W_M = W_D \times W_E$，其中W_D表示空间地理距离权重，W_E表示经济距离权重，在具体计量分析过程中对这三类权重矩阵进行标准化处理后再作为空间个体的权重。

Z 表示控制变量，包括经济发展水平（Y）及其平方项、产业结构（IS）、人口密度（PD）、对外开放度（OPEN）、能源效率（EE）、城镇化率（URB），变量含义和数据来源均与第四章相同。

三、数据描述性统计

由于我国东中西部地区经济发展水平、市场化程度和政治民主氛围存在较大差异，这很可能对官员的制度质量弱化行为、环境规制执行力度及其环境后果产生较大影响，为此，本书将研究样本细分为东中西部三大区域①。最终处理后的变量描述性统计见表 6 - 1。

表 6 - 1　变量描述性统计

	变量	样本量	平均值	标准差	中位数	最小值	最大值
全国	EP1	638	9.92	0.83	9.94	7.83	12.46
	EP2	638	2.68	0.51	2.68	1.18	4.47
	COR1	638	3.33	0.36	3.33	2.10	4.93
	COR2	638	3.37	0.29	3.37	2.60	5.09
	COR3	638	26.96	3.71	26.73	18.23	38.59
	FDI	638	3.22	3.33	2.13	0.06	24.25
	Y	638	9.26	0.83	9.25	7.35	11.41
	IS	638	45.44	7.97	46.97	19.74	60.13
	PD	638	5.37	1.26	5.55	1.89	8.25

① 按照我国传统地域划分，东部地区包括北京、天津、河北、辽宁、上海、江苏、浙江、福建、山东、广东和海南 11 个省市区，中部地区包括山西、吉林、黑龙江、安徽、江西、河南、湖北和湖南 8 个省，西部地区包括内蒙古、广西、四川（含重庆）、贵州、云南、陕西、甘肃、青海、宁夏和新疆 10 个省市区。

续表

	变量	样本量	平均值	标准差	中位数	最小值	最大值
全国	OPEN	638	31.41	39.53	12.89	3.16	217.34
	EE	638	9.83	0.54	9.80	8.60	11.19
	URB	638	46.13	16.24	43.59	19.85	89.60
东部地区	EP1	242	10.06	0.76	10.10	7.83	11.59
	EP2	242	2.94	0.55	2.95	1.42	4.47
	COR1	242	3.32	0.43	3.31	2.10	4.31
	COR2	242	3.35	0.33	3.33	2.60	4.44
	COR3	242	26.57	4.03	26.45	18.23	38.59
	FDI	242	5.85	3.99	4.76	1.11	24.25
	Y	242	9.77	0.73	9.79	8.14	11.41
	IS	242	46.20	10.12	49.95	19.74	60.13
	PD	242	6.33	0.70	6.29	5.30	8.25
	OPEN	242	66.01	46.46	52.33	8.22	217.34
	EE	242	9.47	0.41	9.39	8.60	10.54
	URB	242	58.14	17.41	55.55	21.70	89.60
中部地区	EP1	176	9.69	0.77	9.66	8.31	11.67
	EP2	176	2.62	0.24	2.63	2.19	3.95
	COR1	176	3.46	0.28	3.44	2.83	4.18
	COR2	176	3.45	0.28	3.42	2.88	4.13
	COR3	176	26.05	3.05	25.90	19.08	33.23
	FDI	176	2.16	1.22	2.01	0.21	7.43
	Y	176	9.01	0.69	8.96	7.72	10.37
	IS	176	46.29	6.78	46.77	31.81	60.00
	PD	176	5.52	0.57	5.66	4.40	6.37
	OPEN	176	10.24	4.21	9.53	3.16	33.19
	EE	176	9.87	0.44	9.81	9.16	11.19
	URB	176	41.57	10.26	42.83	20.91	58.80
西部地区	EP1	220	9.95	0.91	9.87	8.27	12.46
	EP2	220	2.45	0.48	2.40	1.18	3.75
	COR1	220	3.25	0.30	3.25	2.38	4.93
	COR2	220	3.33	0.24	3.36	2.69	5.09
	COR3	220	28.12	3.56	27.76	20.66	37.21

续表

	变量	样本量	平均值	标准差	中位数	最小值	最大值
西部地区	FDI	220	1. 19	0. 97	0. 98	0. 06	5. 86
	Y	220	8. 91	0. 75	8. 84	7. 35	10. 81
	IS	220	43. 94	5. 67	43. 01	33. 56	58. 40
	PD	220	4. 21	1. 20	4. 73	1. 89	5. 40
	OPEN	220	10. 28	4. 99	9. 65	3. 57	36. 91
	EE	220	10. 21	0. 46	10. 28	9. 12	11. 09
	URB	220	36. 56	9. 03	35. 79	19. 85	60. 30

1. 全样本分析

在本书所分析的29个省份中，人均工业废气排放量和人均工业废水排放量的对数平均值分别是9. 92和2. 68，中位数分别是9. 94和2. 68，没有明显的偏差。样本中人均工业废气排放量的对数最大值为12. 46，出现在2010年的宁夏，最小值为7. 83，出现在1994年的海南。人均工业废水排放量的对数最大值为4. 47，出现在1994年的上海，最小值为1. 18，出现在2008年的贵州。

从关键解释变量来看，在29个省份中，单位公职人员职务犯罪案件立案数平均值和中位数均是3. 33，没有明显的偏差。最大值出现在2002年的青海，最小值出现在2015年的北京。单位人口职务犯罪案件立案数平均值和中位数均是3. 37，没有明显的偏差。最大值出现在2002年的青海，最小值出现在2013年的上海。公职人员中女性人员占比平均值是26. 96，中位数是26. 73，表现出一定的负偏态，即较多省份女性公职人员占比低于平均水平。最大值出现在2015年的北京，最小值出现在1994年的江苏。各省外商直接投资平均值为3. 22，中位数为2. 13，表现出一定的负偏态，即较多省份外商直接投资占比低于平均水平。最大值出现在1995年的海南，最小值出现在2012年的甘肃。

从控制变量来看，人均国内生产总值平均值为9. 26，中位数是9. 25，没有明显的偏差。最大值出现在2015年的上海，最小值出现在1994年的贵州。第二产业增加值占GDP比重平均值是45. 44，中位数是46. 97，表现出一定的正偏态，即较多省份的二产增加值占GDP比重超过平均水平。最大值出现在2008年的天津，最小值出现在2015年的北京。单位国土面积年末人口数平均值是5. 37，中位数是5. 55，表现出一定的正偏态，即较多省份的单位国土面积年末人口数超过平均水平。最大值出现在2014年的上海，最小值出现在1994年的青海。进出口贸易总额占GDP比重平均值是31. 41，中位数是12. 89，表现出较大的负偏态，即大多数省份的进出口贸易总额占GDP比重低于平均水平。最大值出现在

1994 年的北京，最小值出现在 1999 年的河南。单位实际 GDP 能源消耗量平均值是 9.83，中位数是 9.80，没有明显的偏差。最大值出现在 1994 年的山西，最小值出现在 2011 年的福建。年末城镇人口占全部人口比重平均值是 46.13，中位数是 43.59，表现出一定的负偏态，即较多省份的年末城镇人口占全部人口比重低于平均水平。最大值出现在 2014 年的上海，最小值出现在 1994 年的云南。

2. 东部地区

在东部地区的 11 个省市区中，人均工业废气排放量和人均工业废水排放量的对数平均值分别是 10.06 和 2.94，中位数分别是 10.1 和 2.95，没有明显的偏差。样本中人均工业废气排放量的对数最大值为 11.59，出现在 2013 年的河北，最小值为 7.83，出现在 1994 年的海南。人均工业废水排放量的对数最大值为 4.47，出现在 1994 年的上海，最小值为 1.42，出现在 2015 年的北京。

从关键解释变量来看，在 11 个省份中单位公职人员职务犯罪案件立案数平均值是 3.32，中位数是 3.31，没有明显的偏差。最大值出现在 1994 年的上海，最小值出现在 2015 年的北京。单位人口职务犯罪案件立案数平均值是 3.35，中位数是 3.33，没有明显的偏差。最大值出现在 1994 年的上海，最小值出现在 2013 年的上海。公职人员中女性人员占比平均值是 26.57，中位数是 26.45，表现出一定的负偏态，即较多省份女性公职人员占比低于平均水平。最大值出现在 2015 年的北京，最小值出现在 1994 年的江苏。各省份外商直接投资平均值为 5.85，中位数为 4.76，表现出一定的负偏态，即较多省份外商直接投资占比低于平均水平。最大值出现在 1995 年的海南，最小值出现在 2002 年的河北。

从控制变量来看，人均国内生产总值平均值为 9.77，中位数是 9.79，没有明显的偏差。最大值出现在 2015 年的上海，最小值出现在 1994 年的河北。第二产业增加值占 GDP 比重平均值是 46.20，中位数是 49.95，表现出一定的正偏态，即较多省份的二产增加值占 GDP 比重超过平均水平。最大值出现在 2008 年的天津，最小值出现在 2015 年的北京。单位国土面积年末人口数平均值是 6.33，中位数是 6.29，表现出一定的负偏态，即较多省份的单位国土面积年末人口数低于平均水平。最大值出现在 2014 年的上海，最小值出现在 1994 年的海南。进出口贸易总额占 GDP 比重平均值是 66.01，中位数是 52.33，表现出一定的负偏态，即较多省份的进出口贸易总额占 GDP 比重低于平均水平。最大值出现在 1994 年的北京，最小值出现在 1998 年的河北。单位实际 GDP 能源消耗量平均值是 9.47，中位数是 9.39，表现出一定的负偏态，即较多省份的单位实际 GDP 能源消耗量低于平均水平。最大值出现在 1994 年的河北，最小值出现在 2011 年的福建。年末城镇人口占全部人口比重平均值是 58.14，中位数是 55.55，表现出一定的负偏态，即较多省份的年末城镇人口占全部人口比重低于平均水平。最大值出现在2014年的上海，最小值出现在1994年的河北。

3. 中部地区

在中部地区的8个省份中，人均工业废气排放量和人均工业废水排放量的对数平均值分别是9.69和2.62，中位数分别是9.66和2.63，没有明显的偏差。相较于东部地区，中部地区无论是人均工业废气排放量还是人均工业废水排放量均更低一些，这主要是因为两大区域经济发展水平存在较大差异。样本中人均工业废气排放量的对数最大值为11.67，出现在2011年的山西，最小值为8.31，出现在1997年的江西。人均工业废水排放量的对数最大值为3.95，出现在1995年的湖北，最小值为2.19，出现在2009年的黑龙江。

从关键解释变量来看，在8个省份中，单位公职人员职务犯罪案件立案数平均值是3.46，中位数是3.44，没有明显的偏差。最大值出现在2002年的黑龙江，最小值出现在2014年的湖南。单位人口职务犯罪案件立案数平均值是3.45，中位数是3.42，没有明显的偏差。最大值出现在2003年的黑龙江，最小值出现在1997年的河南。公职人员中女性人员占比平均值是26.05，中位数是25.90，没有明显的偏差。最大值出现在2015年的河南，最小值出现在1994年的江西。各省份外商直接投资平均值为2.16，中位数为2.01，表现出一定的负偏态，即较多省份外商直接投资占比低于平均水平。最大值出现在1994年的吉林，最小值出现在2004年的山西。

从控制变量来看，人均国内生产总值平均值为9.01，中位数是8.96，没有明显的偏差。最大值出现在2015年的吉林，最小值出现在1994年的安徽。第二产业增加值占GDP比重平均值是46.29，中位数是46.77，表现出一定的正偏态，即较多省份的第二产业增加值占GDP比重超过平均水平。最大值出现在2007年的山西，最小值出现在2015年的黑龙江。单位国土面积年末人口数平均值是5.52，中位数是5.66，表现出一定的正偏态，即较多省份的单位国土面积年末人口数高于平均水平。最大值出现在2004年的河南，最小值出现在1994年的黑龙江。进出口贸易总额占GDP比重平均值是10.24，中位数是9.53，表现出一定的负偏态，即较多省份的进出口贸易总额占GDP比重低于平均水平。最大值出现在1994年的吉林，最小值出现在1999年的河南。单位实际GDP能源消耗量平均值是9.87，中位数是9.81，表现出一定的负偏态，即较多省份的单位实际GDP能源消耗量低于平均水平。最大值出现在1994年的山西，最小值出现在2015年的吉林。年末城镇人口占全部人口比重平均值是41.57，中位数是42.83，表现出一定的正偏态，即较多省份的年末城镇人口占全部人口比重高于平均水平。最大值出现在2015年的黑龙江，最小值出现在1994年的河南。

4. 西部地区

在西部地区的10个省市区中，人均工业废气排放量和人均工业废水排放量

的对数平均值分别是9.95和2.45，中位数分别是9.87和2.40，表现出一定的负偏态，即较多省份的人均工业废气排放量和人均工业废水排放量低于平均水平。相较于东部地区，西部地区无论是人均工业废气排放量还是人均工业废水排放量均更低一些，这主要是因为两大区域经济发展水平存在较大差异；相较于中部地区，西部地区人均工业废气排放量较大，但人均工业废水排放量较小。样本中人均工业废气排放量的对数最大值为12.46，出现在2010年的宁夏，最小值为8.27，出现在1994年的云南。人均工业废水排放量的对数最大值为3.75，出现在2008年的广西，最小值为1.18，出现在2008年的贵州。

从关键解释变量来看，在10个省份中，单位公职人员职务犯罪案件立案数平均值是3.25，中位数是3.25，没有明显的偏差。最大值出现在2002年的青海，最小值出现在1996年的新疆。单位人口职务犯罪案件立案数平均值是3.33，中位数是3.36，没有明显的偏差。最大值出现在2002年的青海，最小值出现在1994年的广西。公职人员中女性人员占比平均值是28.12，中位数是27.76，表现出一定的负偏态，即较多省份的女性公职人员占比低于平均水平。最大值出现在2015年的青海，最小值出现在1994年的陕西。各省份外商直接投资平均值为1.19，中位数为0.98，表现出一定的负偏态，即较多省份外商直接投资占比低于平均水平。最大值出现在1994年的广西，最小值出现在2012年的甘肃。

从控制变量来看，人均国内生产总值平均值为8.91，中位数是8.84，表现出一定的负偏态，即较多省份的人均国内生产总值低于平均水平。最大值出现在2015年的四川，最小值出现在1994年的贵州。第二产业增加值占GDP比重平均值是43.94，中位数是43.01，表现出一定的负偏态，即较多省份的二产增加值占GDP比重低于平均水平。最大值出现在2011年的青海，最小值出现在2002年的广西。单位国土面积年末人口数平均值是4.21，中位数是4.73，表现出一定的正偏态，即较多省份的单位国土面积年末人口数高于平均水平。最大值出现在2004年的贵州，最小值出现在1994年的青海。进出口贸易总额占GDP比重平均值是10.28，中位数是9.65，表现出一定的负偏态，即较多省份的进出口贸易总额占GDP比重低于平均水平。最大值出现在2008年的新疆，最小值出现在2011年的青海。单位实际GDP能源消耗量平均值是10.21，中位数是10.28，没有明显的偏差。最大值出现在2004年的宁夏，最小值出现在2015年的广西。年末城镇人口占全部人口比重平均值是36.56，中位数是35.79，表现出一定的负偏态，即较多省份的年末城镇人口占全部人口比重低于平均水平。最大值出现在2015年的内蒙古，最小值出现在1994年的云南。

四、全样本实证结果及分析

由于空间滞后变量存在内生性问题，如果采用传统OLS方法估计空间计量模型会使结果发生偏误，因此，本书采用最大似然估计法（MLE）来估计模型中的各个参数。Hausman 检验表明，固定效应模型优于随机效应，且比较 LM 和 LM Robust 统计量可以发现，LM Lag 和 LM Lag（Robust）统计值至少在1%的水平上显著，而 LM Error 和 LM Error（Robust）统计值均未通过显著性检验，根据 Anselin 等（1996）提出的空间模型形式判别准则，空间滞后模型（SLM）是合适的空间模型形式。制度质量和外商直接投资对环境污染影响的计量检验结果见表6－2。

在表6－2中，回归方程（1）～方程（6）汇报了全样本29个省（市、区）制度质量和外商直接投资对环境污染影响的估计结果。具体来看，模型（1）分析了基于地理距离权重的各省份制度质量和外商直接投资对环境污染的影响。使用人均工业废气排放量（EP1）这一环境污染指标作为被解释变量，制度质量指标（单位公职人员职务犯罪案件立案数，COR1）、外商直接投资（FDI）和两者的交互项作为关键解释变量，经济发展水平（Y）及平方项、产业结构（IS）、人口密度（PD）、对外开放度（OPEN）等作为控制变量。结果表明，空间滞后系数ρ为正且至少在1%的水平上显著，表明污染排放存在空间正自相关；制度质量系数为0.03且在5%的水平上显著，即制度质量弱化水平的上升会促进污染排放；外商直接投资的系数为0.01且在5%的水平上显著，即外商直接投资的增加会促进污染排放；制度质量弱化和外商直接投资交互项系数为0.01且在5%的水平上显著，即制度质量弱化和外商直接投资交互作用促进了污染排放。

表6－2　制度质量、FDI和环境污染

解释变量	EP1			EP2		
	(1)	(2)	(3)	(4)	(5)	(6)
COR1	0.03** (0.04)	0.03** (0.04)	0.02** (0.04)	0.10** (0.05)	0.19*** (0.05)	0.18*** (0.05)
FDI	0.01** (0.02)	0.01** (0.02)	0.01** (0.02)	0.06** (0.02)	0.08*** (0.02)	0.08*** (0.02)
COR1×FDI	0.01** (0.01)	0.01** (0.01)	0.01** (0.01)	0.01** (0.01)	0.02*** (0.01)	0.02*** (0.01)
是否加入控制变量	Yes	Yes	Yes	Yes	Yes	Yes
ρ	0.23*** (0.05)	0.20*** (0.04)	0.15*** (0.03)	0.63*** (0.11)	0.17*** (0.06)	0.05* (0.05)
R^2	0.86	0.77	0.76	0.91	0.86	0.83

续表

解释变量	EP1			EP2		
	(1)	(2)	(3)	(4)	(5)	(6)
权重类型	W_D	W_E	W_M	W_D	W_E	W_M
样本数	638	638	638	638	638	638

注：***、**、*分别表示在1%、5%、10%的水平上显著；括号内为标准差；W_D、W_E和W_M分别表示地理距离权重矩阵、经济距离权重矩阵和混合权重矩阵。

模型（2）分析了基于经济距离权重的各省份制度质量和外商直接投资对环境污染的影响。使用人均工业废气排放量（EP1）这一环境污染指标作为被解释变量，制度质量指标（单位公职人员职务犯罪案件立案数，COR1）、外商直接投资（FDI）和两者的交互项作为关键解释变量，经济发展水平（Y）及平方项、产业结构（IS）、人口密度（PD）、对外开放度（OPEN）等作为控制变量。结果表明，空间滞后系数ρ为正且至少在1%的水平上显著，表明污染排放存在空间正自相关；制度质量系数为0.03且在5%的水平上显著，即制度质量弱化水平的上升会促进污染排放；外商直接投资的系数为0.01且在5%的水平上显著，即外商直接投资的增加会促进污染排放；制度质量弱化和外商直接投资交互项系数为0.01且在5%的水平上显著，即制度质量弱化和外商直接投资交互作用促进了污染排放。

模型（3）分析了基于混合权重的各省份制度质量和外商直接投资对环境污染的影响。使用人均工业废气排放量（EP1）这一环境污染指标作为被解释变量，制度质量指标（单位公职人员职务犯罪案件立案数，COR1）、外商直接投资（FDI）和两者的交互项作为关键解释变量，经济发展水平（Y）及平方项、产业结构（IS）、人口密度（PD）、对外开放度（OPEN）等作为控制变量。结果表明，空间滞后系数ρ为正且至少在1%的水平上显著，表明污染排放存在空间正自相关；制度质量系数为0.02且在5%的水平上显著，即制度质量弱化水平的上升会促进污染排放；外商直接投资的系数为0.01且在5%的水平上显著，即外商直接投资的增加会促进污染排放；制度质量弱化和外商直接投资交互项系数为0.01且在5%的水平上显著，即制度质量弱化和外商直接投资交互作用促进了污染排放。

模型（4）分析了基于地理距离权重的各省份制度质量和外商直接投资对环境污染的影响。使用人均工业废水排放量（EP2）这一环境污染指标作为被解释变量，制度质量指标（单位公职人员职务犯罪案件立案数，COR1）、外商直接投资（FDI）和两者的交互项作为关键解释变量，经济发展水平（Y）及平方项、产业结构（IS）、人口密度（PD）、对外开放度（OPEN）等作为控制变量。结果表明，空间滞后系数ρ为正且至少在1%的水平上显著，表明污染排放存在空间正自相关；制度质量系数为0.1且在5%的水平上显著，即制度质量弱化水平的上升会促进污染排放；外商直接投资的系数为0.06且在5%的水平上显著，即外商直接投资的增加会促进污染排放；制度质量弱化和外商直接投资交互项系数为0.01且在5%的水平上显著，即制度质量弱化和外商直接投资交互作用促进了污染排放。

模型（5）分析了基于经济距离权重的各省份制度质量和外商直接投资对环境污染的影响。使用人均工业废水排放量（EP2）这一环境污染指标作为被解释变量，制度质量指标（单位公职人员职务犯罪案件立案数，COR1）、外商直接投资（FDI）和两者的交互项作为关键解释变量，经济发展水平（Y）及平方项、产业结构（IS）、人口密度（PD）、对外开放度（OPEN）等作为控制变量。结果表明，空间滞后系数ρ为正且至少在1%的水平上显著，表明污染排放存在空间正自相关；制度质量系数为0.19且在1%的水平上显著，即制度质量弱化水平的上升会促进污染排放；外商直接投资的系数为0.08且在1%的水平上显著，即外商直接投资的增加会促进污染排放；制度质量弱化和外商直接投资交互项系数为0.02且在1%的水平上显著，即制度质量弱化和外商直接投资交互作用促进了污染排放。

模型（6）分析了基于混合权重的各省份制度质量和外商直接投资对环境污染的影响。使用人均工业废水排放量（EP2）这一环境污染指标作为被解释变量，制度质量指标（单位公职人员职务犯罪案件立案数，COR1）、外商直接投资（FDI）和两者的交互项作为关键解释变量，经济发展水平（Y）及平方项、产业结构（IS）、人口密度（PD）、对外开放度（OPEN）等作为控制变量。结果表明，空间滞后系数ρ为正且至少在10%的水平上显著，表明污染排放存在空间正自相关；制度质量系数为0.18且在1%的水平上显著，即制度质量弱化水平的上升会促进污染排放；外商直接投资的系数为0.08且在1%的水平上显著，即外商直接投资的增加会促进污染排放；制度质量弱化和外商直接投资交互项系数为0.02且在1%的水平上显著，即制度质量弱化和外商直接投资交互作用促进了污染排放。

综合以上分析可以发现，环境污染指标无论是采用人均工业废气排放量（EP1）还是人均工业废水排放量（EP2），空间权重矩阵无论是采用地理距离权重W_D、经济距离权重W_E还是混合权重W_M，空间滞后系数均显著为正，表明地区间的污染排放在空间上具有显著的外溢性和空间效应，高污染地区往往与其他高污染地区相邻近，低污染地区与其他低污染地区相邻近。制度质量指标均显著为正，表明制度质量通过弱化环境规制执行力度或扭曲环境政策增加了企业的实际

污染排放，与第四章结果一致。外商直接投资的系数均显著为正，且在各方程之间差异不大，表明外商直接投资的增加会促进污染排放，与上文理论模型结论一致，也支持传统文献中的污染天堂假说。实际上，由于发达国家经济发展水平较高，居民的环保意识较为强烈，因而环境规制更为严格，这将增加企业的污染处理费用和生产成本；发展中国家由于经济发展水平较低，环境规制较发达国家较弱，此外，部分发展中国家或地区为了吸引外资流入、促进经济快速增长，不惜主动降低环境标准、放松环境规制，即所谓“向底线赛跑”（Race To The Bottom），这使发展中国家在政策规制上较发达国家具有明显的竞争优势，并吸引发达国家的污染密集型产业通过 FDI 方式将污染工厂转移至发展中国家。

本书最关注的是制度质量弱化指标和外商直接投资交互项，该交互项系数均为正且至少在 5% 的水平上显著，并在各方程之间差异不大，表明制度质量弱化不仅会降低环境规制实施力度直接促进污染排放，还会与外商直接投资交互作用促进污染排放。这可能是因为以下两方面原因。一方面，制度质量弱化会降低实际环境规制标准。当不存在制度质量弱化或制度质量弱化水平较低时，环境规制政策可以得到较好的贯彻实施，只有符合环境标准的 FDI 才能进入并进行生产，低质量 FDI 将不能进入。当制度质量弱化水平较高时，以往按照名义环境规制标准不能进入的低质量、不清洁 FDI 可以通过向政府官员行贿、降低实际环境规制标准来进入并组织生产，且制度质量弱化越严重，进入的低质量、不清洁 FDI 数量越多；以往按照名义环境规制标准可以进入的合规 FDI，也可能通过贿赂官员来放松对他们的环保监察，以改用污染率更高的生产技术来降低生产成本，这些都将加剧东道国环境污染（陈媛媛，2016）。这也与理论模型的结论相一致。另一方面，制度质量弱化会影响 FDI 技术溢出。以往的研究表明，FDI 会通过技术溢出提升东道国的生产技术水平和减排技术水平，进而降低环境污染（亓朋、许和连、艾洪山，2008；陈媛媛、李坤望，2010；李子豪、刘辉煌，2011；罗良文、李珊珊，2012；毕克新、杨朝均，2012）。首先，相较于东道国国内企业，FDI 企业往往具有较高的生产技术水平和企业管理经验，从而具有更强的市场竞争优势，内资企业为求生存将被迫加大科技研发投入以提高技术水平（竞争效应），或直接模仿 FDI 企业的先进生产技术、销售策略和管理方法（学习效应）；其次，FDI 企业员工的技能水平较高，当他们流动到内资企业或与内资企业员工交流互动时，会将先进的生产技术和管理经验带到内资企业，从而促进内资企业技术水平的提升（人员流动效应）；最后，FDI 企业在进行生产时与上下游各种供应商的联系有助于这些企业技术水平的提高（垂直技术溢出效应）。但制度质量弱化的存在会极大地影响 FDI 企业的技术溢出以及内资企业的技术吸收，这是因为当存在制度质量时，FDI 出于对东道国制度环境和知识产权保护情况的担忧往往倾向于以独资而非合资形式设立企业组织生产，而高科技企业也会减少对该国的投资；当制度质量弱化程度显著影响 FDI 投资企业的正常运营时，FDI 将通过直接并购内资企业形式进行生产，这一投资形式和结构的变化会减弱 FDI 企业的技术溢出（Smarzynska & Wei，2000；Wei，2000）。内资企业吸收 FDI 企业技术需要具备一定的技术和人力资本基础，制度质量弱化水平的上升将减少政府在科教文卫等方面的投入，不利于东道国科研水平提升和人力资本积累，因而弱化了内资企业对 FDI 先进技术的吸收能力（李子豪、刘辉煌，2013）。

五、稳健性检验

为了确保实证结果的稳健性，本书进行了如下稳健性检验：第一，除了采用地理距离权重矩阵之外，还采用经济距离权重矩阵和混合权重矩阵，环境污染指标除了采用工业废气排放之外还采用工业废水排放，以检验实证结果对不同权重矩阵和污染指标的稳健性，这一分析的结果见表 6－2。从上文的分析可知，同一污染指标不同权重矩阵下制度质量、FDI 及两者交互项等关键解释变量的系数符号均是相同的，系数估计值也只有较小的差异；在不同污染指标下制度质量、FDI 及两者交互项等关键解释变量的系数也均是相同的，这表明实证结果具有稳健性。第二，除了使用单位公职人员职务犯罪案件立案数来衡量制度质量弱化水平之外，还使用各省份单位人口职务犯罪案件立案数（COR2）和各省份公职人员中女性人员占比（COR3）分别作为制度质量弱化的替代变量来进行回归分析，其检验结果分别见表 6－3 和表 6－4。

表 6－3　制度质量和 FDI 对环境污染影响的稳健性检验（a）

解释变量	EP1			EP2		
	(1)	(2)	(3)	(4)	(5)	(6)
COR2	0.06** (0.04)	0.05** (0.04)	0.05** (0.04)	0.07** (0.05)	0.15*** (0.05)	0.14** (0.05)
FDI	0.01*** (0.02)	0.01*** (0.02)	0.01*** (0.02)	0.01*** (0.02)	0.01*** (0.02)	0.01*** (0.02)
COR2 × FDI	0.01** (0.01)	0.01** (0.01)	0.01** (0.01)	0.01** (0.01)	0.01** (0.01)	0.01** (0.01)
是否加入控制变量	Yes	Yes	Yes	Yes	Yes	Yes
ρ	0.23*** (0.05)	0.19*** (0.04)	0.15*** (0.03)	0.65*** (0.11)	0.15** (0.06)	0.03* (0.05)

续表

解释变量	EP1			EP2		
	(1)	(2)	(3)	(4)	(5)	(6)
R^2	0.74	0.76	0.72	0.90	0.86	0.82
权重类型	W_D	W_E	W_M	W_D	W_E	W_M
样本数	638	638	638	638	638	638

注：***、**、* 分别表示在1%、5%、10%的水平上显著；括号内为标准差；W_D、W_E和W_M分别表示地理距离权重矩阵、经济距离权重矩阵和混合权重矩阵。

表 6－4 制度质量和 FDI 对环境污染影响的稳健性检验（b）

解释变量	EP1			EP2		
	(1)	(2)	(3)	(4)	(5)	(6)
COR3	−0.01** (0.01)	−0.01** (0.01)	−0.01** (0.01)	−0.02*** (0.01)	−0.02*** (0.01)	−0.02*** (0.01)
FDI	0.01** (0.02)	0.01** (0.02)	0.01** (0.02)	0.11*** (0.02)	0.13*** (0.02)	0.13*** (0.02)
COR3 × FDI	−0.01** (0.01)	−0.01** (0.01)	−0.01** (0.01)	−0.01*** (0.01)	−0.01*** (0.01)	−0.01*** (0.01)
是否加入控制变量	Yes	Yes	Yes	Yes	Yes	Yes
ρ	0.22*** (0.05)	0.19*** (0.04)	0.15*** (0.03)	0.66*** (0.11)	0.12** (0.06)	0.01* (0.05)
R^2	0.84	0.87	0.84	0.86	0.80	0.86
权重类型	W_D	W_E	W_M	W_D	W_E	W_M
样本数	638	638	638	638	638	638

注：***、**、* 分别表示在1%、5%、10%的水平上显著；括号内为标准差；W_D、W_E和W_M分别表示地理距离权重矩阵、经济距离权重矩阵和混合权重矩阵。

从表6－3和表6－4可以看出，当用各省份单位人口职务犯罪案件立案数作为制度质量弱化指标时，制度质量系数为正且至少在5%的水平上显著、外商直接投资系数为正且至少在1%的水平上显著、两者交互项系数为正且至少在5%的水平上显著；当用各省份公职人员中女性人员占比作为制度质量弱化的替代变量时，制度质量的系数为负且至少在5%的水平上显著、外商直接投资系数为正且至少在5%的水平上显著、两者交互项系数为负且至少在5%的水平上显著，均与预期一致。以上结果说明表6－3和表6－4关键解释变量的估计结果与表6－2基本一致，只是显著性稍有变化，进一步证明了实证结果的稳健性。

六、分地区样本实证结果及分析

我国东中西部地区在经济发展水平和市场化程度等方面差异显著，这可能会影响制度质量和外商直接投资对环境污染的作用。因此，本书将全部省份分为东、中、西部三大区域，探讨不同样本制度质量和外商直接投资对环境污染影响的差异。在进行实证分析之前仍要结合 Hausman 检验和 LM 检验确定空间计量模型的具体形式，结果发现，东中西部地区均适用固定效应的空间滞后模型。计量结果见表6－5，其中，各个模型均采用地理距离矩阵W_D作为权重矩阵。

表6－5　不同地区空间计量检验结果

解释变量	东部		中部		西部	
	EP1	EP2	EP1	EP2	EP1	EP2
	(1)	(2)	(3)	(4)	(5)	(6)
COR1	0.05* (0.07)	0.14** (0.09)	0.09* (0.11)	0.35*** (0.12)	0.11** (0.09)	0.18* (0.11)
FDI	0.06** (0.02)	0.05* (0.03)	0.17*** (0.13)	0.41*** (0.15)	0.17*** (0.15)	0.19*** (0.18)
COR1×FDI	0.01** (0.01)	0.01* (0.01)	0.04*** (0.03)	0.10*** (0.04)	0.05*** (0.04)	0.06*** (0.05)
是否加入控制变量	Yes	Yes	Yes	Yes	Yes	Yes
ρ	0.08* (0.07)	0.52*** (0.11)	0.29*** (0.08)	0.04* (0.11)	0.26*** (0.08)	0.43*** (0.13)
R^2	0.77	0.77	0.73	0.80	0.83	0.87
权重类型	W_D	W_D	W_D	W_D	W_D	W_D
样本数	242	242	176	176	220	220

注：***、**、*分别表示在1%、5%、10%的水平上显著；括号内为标准差。

从表6－5可见，环境污染指标无论是采用人均工业废气排放量（EP1）还是人均工业废水排放量（EP2），模型（1）～模型（6）的空间滞后系数均

显著为正，表明东中西各个地区之内各省份间的污染排放在空间上均具有显著的外溢性和空间效应。制度质量、外商直接投资及其交互项的系数均显著为正，与全样本检验结果一致。进一步比较可发现，东部地区工业废气和工业废水回归方程的制度质量和外商直接投资交互项系数均低于中部和西部地区，表明东部地区制度质量和外商直接投资交互作用对污染排放的促进作用低于中西部地区，这可能是出于以下两点原因：第一，相较于中西部地区，东部地区居民人均收入水平更高，环保意识更强烈，相同的制度质量弱化水平对东部地区环境规制的弱化程度低于中西部地区，即东部地区实际环境标准高于中西部地区，结合上文的分析，进入东部地区的低质量、不清洁 FDI 就更少，造成的环境污染也更低；第二，相较于中西部地区，东部地区经济发展水平和市场化程度更高，拥有先进生产技术的 FDI 更愿意在东部地区进行投资建厂，因而在相同的制度质量弱化水平下东部地区 FDI 的技术溢出更多。此外，东部地区政府的财政收入较多，在科技研发和卫生教育等领域的投入更多，因此，东部地区内资企业的科研能力和人力资本水平更高，对 FDI 技术溢出的吸收能力也更强。总而言之在相同的制度质量弱化水平下东部地区的 FDI 技术溢出效应更高，因而污染排放更低。

第四节　本章小结

本章通过理论模型和实证检验的方法来分析制度质量和外商直接投资对环境污染的影响。在理论模型方面，本章探讨了制度质量和外商直接投资交互作用对环境污染的内在机制，结果发现，当不存在制度质量弱化时，如果发达国家和发展中国家环境规制水平差距较大，企业为规避发达国家严格的环境规制会将生产工厂转移到发展中国家，导致发展中国家环境污染上升，并逐渐成为发达国家跨国企业的污染天堂；如果存在制度质量弱化，因不符合发展中国家名义环境标准而不能进入的 FDI 通过拉拢主管人员使实际环境规制隐性降低，进而投资组织生产，导致在发展中国家投资建厂的低质量、不清洁 FDI 增加，即制度质量弱化和 FDI 交互作用进一步加剧了环境污染。基于理论分析基础，利用 1994 ~ 2015 年中国 29 个省份面板数据和空间计量模型实证研究了地方政府制度质量弱化和外商直接投资对环境污染的影响，并进一步分析了东中西不同区域影响的差异。结果表明：①环境污染指标无论是采用人均工业废气排放量还是人均工业废水排放量，空间权重矩阵无论是采用地理距离权重、经济距离权重还是混合权重，外商直接投资系数均显著为正，表明 FDI 的流入恶化了我国环境质量，污染天堂假说在我国成立；②制度质量弱化和外商直接投资交互项系数均显著为正，表明制度质量弱化通过降低实际环境标准增加低质量 FDI 流入、弱化 FDI 技术溢出效应增加了环境污染，证实了理论模型结论；③不同区域制度质量弱化和外商直接投资交互作用对环境污染的影响存在差异，东部地区制度质量和外商直接投资交互作用对污染排放的促进作用低于中西部地区。

第七章　制度质量、收入不平等和环境污染

改革开放以来，虽然我国在经济建设方面取得了举世瞩目的成绩，但居民收入差距也日益扩大，成为影响经济进一步发展和社会稳定的一个重要因素。根据国家统计局公布的数据，2000 年以后，我国全部居民基尼系数一直高于 0.4 的国际警戒线，个别年份逼近 0.5。国内其他学者估计的结果甚至更高，西南财经大学中国家庭金融调查（CHFS）披露 2015 年我国居民总体收入基尼系数在 0.6 左右。造成收入差距扩大的原因有很多，制度质量是其中一个重要因素。首先，制度质量弱化可能降低政府对低收入人群的转移支付，例如，对贫困地区教育和扶贫财政支出的贪污和挪用，这将直接扩大居民收入差距；其次，改革开放以来，我国在经济发展过程中过于强调效率原则，忽视了公平原则，而制度质量弱化是造成社会不公特别是机会不平等的重要原因，导致少数人获得大量非法收入，从而扩大了居民收入差距；最后，在制度质量弱化环境中，高收入群体可以通过拉拢主管人员来规避或减少本应承担的相关税费，政府收入的下降将减少政府在教育、医疗和卫生等可以降低低收入阶层生活支出、改善健康状况和人力资本水平方面的支出，弱化了政府对居民收入再分配的职能，这导致居民收入差距进一步扩大。

收入不平等对环境污染也有显著影响。环境质量往往是居民收入分布和市场力量相互作用的结果之一，收入差距会影响各收入阶层的环境消费偏好，使其均倾向于破坏环境，具体来说，低收入阶层为了改善物质生活水平、缩小与富裕阶层收入差距不惜以破坏环境为代价，而高收入阶层也通过破坏环境积累财富并将资产转移到环境质量高的国家或地区。此外，环境污染的成本主要由低收入阶层承担，收益却主要归属于高收入阶层，而高收入阶层具有更大的政治影响力，这使在制定经济政策时往往会忽略环境保护，造成更大的环境污染。

从上述分析可以发现，制度质量会显著扩大收入不平等，而收入不平等也会显著恶化环境质量，那么制度质量和收入不平等交互作用对环境污染有无影响

呢？本章将通过理论建模和面板数据实证分析来对这一问题进行研究。

第一节　制度质量和收入不平等影响环境污染理论模型

一、模型基本设定

本章构建一个包括生产企业、居民和政府官员的动态博弈模型，在生产y单位的产出时本国企业排放z单位污染物。我们假设企业所生产的产品被其他国家的消费者消费，这表明本国调整环境标准只能影响生产企业利润和环境污染对消费者的负效用。生产企业的利润π是：

$$\pi = r(y) - c(y) - e(y, z) \quad (7-1)$$

其中，$r(y)$、$c(y)$和$e(y, z)$分别表示企业销售收入、生产成本和污染成本，且本书假设$r_y<0$，$c_y>0$，$e_y>0$，$e_z\leqslant 0$，$e_{zz}\leqslant 0$。

n表示经济体的人口数，居民之间除了收入或资产不同以外，其他方面都是同质的，且个人的资产状况取决于在企业中所持有的股份。假设第k个人在企业总资产中所持有的份额为ψ_k，显然$\sum_k \psi_k = 1$。消费者的效用函数如式(7-2)所示：

$$u_k(\pi, z) = \psi_k \pi - \phi(z) \quad (7-2)$$

其中，$\phi(z)$是环境污染对消费者造成的负面效应，且$\phi'(\cdot)>0$，$\phi''(\cdot)>0$。

企业在进行生产时必须要遵守政府制定的环境标准，假设环境标准和企业产出由一个两阶段动态博弈确定。第一阶段，选定环境标准。本书考虑环境标准由多数人投票决定和由被企业拉拢的主管人员决定两种情形。第二阶段，生产企业确定其利润最大化产出。与前文一样，本章通过逆向归纳法来求解这一动态博弈。

首先分析第二阶段。在这一阶段环境规制已经确定，假设用$\bar{z}$表示。下式的解即为利润最大化产出：

$$\max_y r(y) - c(y) - e(y, \bar{z}) \quad (7-3)$$

利润最大化条件下，式（7-3）的一阶和二阶条件分别是：

$$r_y - c_y - e_y = 0, \ r_{yy} - c_{yy} - e_{yy} < 0 \quad (7-4)$$

二、收入不平等和环境污染

这一小节讨论第一阶段环境标准由所有公民投票决定的情形。拥有生产企业股份的个人出于增加企业利润和个人分红的考量，更偏好于较低标准的环境规制，因此，环境标准是投票者的一个策略变量。

显然，第 k 个人选择的污染排放量（即环境标准）z_k是式（7－5）的解：

$$\max_{z_k}\psi_k\pi(y,\ z_k)-\phi(z_k)$$

$$\text{s.t. } r_y-c_y-e_y=0 \tag{7-5}$$

个人效用最大化可得到：

$$\psi_k\left[\pi_y\frac{\partial y}{\partial z}-e_z\right]-\phi_z=0 \tag{7-6}$$

由利润最大化条件得到$\pi_y=0$。此外，显然当 z 较小时，$\frac{\partial u_k(\pi,\ z)}{\partial z}>0$；当 z 较大时，$\frac{\partial u_k(\pi,\ z)}{\partial z}<0$，这表明$u_k(\pi,\ z)$对 z 是单峰函数。本书使用中间投票人理论来求解，根据该理论多数人投票的最终选择就是中间投票人 M 的选择。因此，环境标准是：

$$-\psi_M e_z-\phi_z=0 \tag{7-7}$$

在博弈的第一阶段，中间投票人根据对博弈第二阶段企业利润最大化产出的预期选择环境标准。那么不存在制度质量弱化时均衡产出和环境标准（$\hat{z}$，$\hat{y}$）由式（7－4）和式（7－7）共同决定。

从式（7－7）可发现，环境标准与中间投票人所持有的生产企业股份负相关，当收入或资产完全公平分配时，环境标准达到最低值；当收入分配不平等程度上升时，即中间投票人拥有的企业股份$\psi_M<1/n$，环境标准就越来越严格。更一般地，我们有 dz（ψ_M）$/d\,\psi_M\geqslant 0$，即中间投票人持有的生产企业股份越低，即收入分配不平等程度越高，环境标准就越高，污染排放越少。这是因为当不平等程度较高时，多数人从企业获得的利润将低于弱环境标准带来的污染负效用，因此，这些人将选择更高标准的环境规制以降低污染排放带来的负效用。

三、制度质量、收入不平等和环境污染

这一小节我们假设各国环境标准由官员决定。当没有制度质量弱化时，主管人员根据多数人投票的结果选择环境标准，即最终环境标准就是中间投票人的选择，与上文一致。但是当存在制度质量弱化时，环境标准将不再是中间投票人的选择。我们假设持有企业股份的居民拉拢主管人员的金额是 $B=b\Delta$，并希望其制定较低标准的环境规制。上式中，b 为降低单位标准环境所需要支付费用的金

额，且 $\Delta=\tilde{z}-\hat{z}$ 表示存在制度质量弱化时最优环境规制水平和无制度质量弱化时最优环境规制水平之间的差距。

假设企业拉拢主管人员被检察机关查处的概率为 θ，且被查处后主管人员要受到相应的惩罚。用 $S(\Delta)$ 表示主管人员受到惩罚的负效用的货币价值，且 $S'(\cdot)>0$，$S''(\cdot)\geqslant 0$。为简化起见，我们假设主管人员是风险偏好型，因此，他愿意收取费用以最大化预期收入。用 w 表示无制度质量弱化时主管人员收入。存在制度质量弱化时主管人员合法收入 w 以外的制度质量弱化预期所得 EGC 是：

$$EGC=b\Delta-\theta S(\Delta) \tag{7-8}$$

主管人员的收入最大化行为表明：

$$\theta S'(\Delta)=b \tag{7-9}$$

这表明如果主管人员受到惩罚的边际负效用低于主管人员的预期制度质量弱化所得，即式（7－9）左边小于右边，就降低环境标准，这将导致污染增加。此外，如果主管人员收取费用被检察机关查处的概率 θ 下降，或如果主管人员受到惩罚的边际负效用下降，那么环境规制实际实施力度就会减弱，污染排放就会上升。因此，可知污染排放水平和制度质量弱化水平正相关，或实际环境规制水平和制度质量弱化水平呈负相关，这也与第三章的结论一致。

在这一小节，个人的目标函数是：

$$\max_{\Delta_k}\psi_k\pi(y,\ \hat{z}+\Delta_k)-\phi(\hat{z}+\Delta_k)-b\,\Delta_k$$

$$\text{s.t. } r_y-c_y-e_y=0 \tag{7-10}$$

个人效用最大化和企业最大化利润得到：

$$-\psi_k e_z-\varphi_z-b=0 \tag{7-11}$$

从式（7－11）可得当其他情况相同时，由于最富有个人可以提供更多的相关费用，因此，制度质量弱化水平将由最富有的个人对环境规制的需求所决定：

$$-\psi_{max}e_z-\varphi_z-b=0 \tag{7-12}$$

最终，当存在制度质量弱化时，均衡产出和环境标准（$\tilde{z}$，$\tilde{y}$）由式（7－4）、式（7－9）和式（7－12）共同决定。这时收入差距越大、最富有个人拥有的企业股份越多，官员可得到的费用也越多，环境标准就越低。

综合以上分析可得，如果环境规制由所有人投票决定，那么收入分配不平等程度越高，环境标准就越高，污染排放越少；如果环境规制不是由投票决定，而是由可能收受贿赂的官员决定，那么收入分配不平等程度越高，富裕阶层（即生产企业主）用于拉拢相关主管人员以弱化环境规制的资金越多，污染排放也就越多。

第二节　中国各省份居民收入差距测算

一、居民收入差距测算指标

国际上最常使用的居民收入分配差距测量指标是基尼系数，该指数表示的是不同组别收入平均差距与收入总体均值相偏离的程度。具体计算过程是，先将全部居民等分为 N 组，并计算每组的平均收入x_i，则基尼系数 $Gini$ 的计算公式为：

$$Gini = \frac{1}{2\lambda N^2} \sum_{i=1}^{N} \sum_{j=1}^{N} |x_i - x_j| \tag{7-13}$$

其中，λ 表示所有收入的平均值。式（7－13）中的分组为等分法得到，但在现实中数据往往以非等分组的形式出现，对应的计算公式为：

$$Gini = \frac{1}{\lambda} \sum_{i=2}^{N} \sum_{j=1}^{i-1} Q_i |x_i - x_j| Q_j \tag{7-14}$$

其中，Q_i表示第 i 组人口所占比重。

由于我国不同时期统计年鉴中城镇居民收入和农村居民收入分组的方式不一致，因此，无论是等分分组计算公式（7－13）还是非等分组计算公式（7－14）都不能得到统一口径的结果。因此，我们在计算过程中使用如下公式：

$$Gini = 1 - \frac{1}{QY} \sum_{i=1}^{n} (Y_{i-1} + Y_i) Q_i \tag{7-15}$$

其中，Q 表示人口总数，Y 表示国民总收入，Y_i表示累积到第 i 组的收入。利用式（7－15）计算基尼系数时只需按居民收入分组且清楚每组人数和平均收入即可。

需要说明的是，我国统计年鉴中城镇居民和农村居民收入是分开统计的，因此，利用式（7－15）只能分别计算出各省份城镇居民和农村居民收入基尼系数，还需利用分组加权公式计算出居民收入基尼系数：

$$G = Q_U^2 \frac{\delta_U}{\delta} GU + Q_V^2 \frac{\delta_V}{\delta} GV + Q_U Q_V \frac{\delta_U - \delta_V}{\delta} \tag{7-16}$$

其中，G 表示全部居民收入基尼系数，GU 和 GV 分别表示城镇和农村居民收入基尼系数，Q_U和Q_V分别表示城镇和农村人口占比，δ_U、δ_V和 δ 分别表示某地区城镇居民、农村居民和全部居民人均收入。

二、居民收入差距测算结果

在具体计算过程中，首先，本书利用各省市区统计年鉴中城镇居民和农村居民抽样调查收入分布的数据和式（7－15）直接计算出各省（市、区）城镇和农村居民收入基尼系数；其次，利用式（7－16）计算出全部居民收入基尼系数。囿于数据可得性，本书最终计算了1995～2012年23个省[①]的基尼系数，部分省份城镇居民、农村居民和全部居民收入基尼系数变化趋势分别见图7－1、图7－2和图7－3。

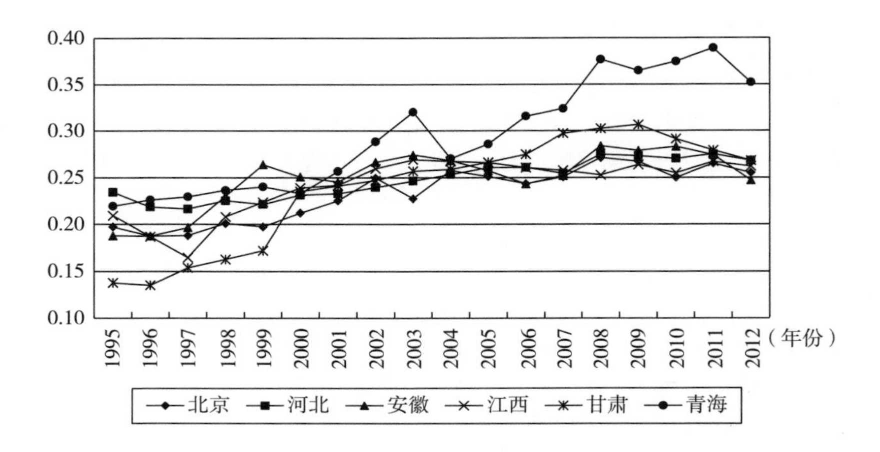

图7－1　部分省份城镇居民收入基尼系数变化趋势

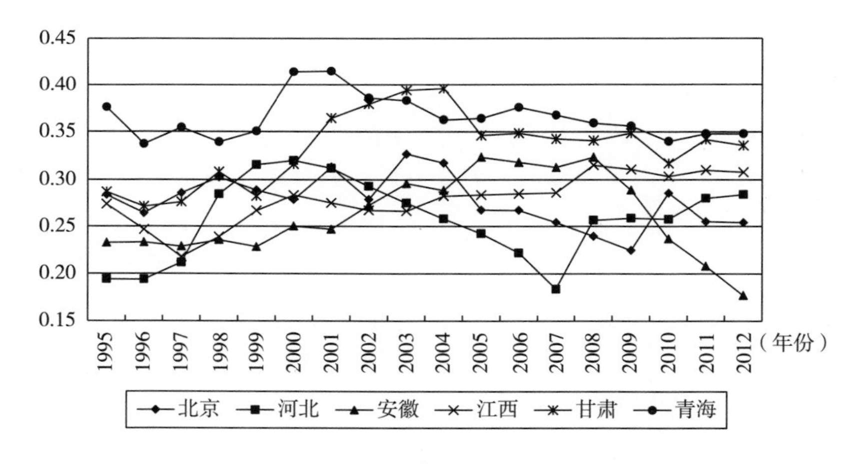

图7－2　部分省份农村居民收入基尼系数变化趋势

① 天津、吉林、山东、湖南、海南、云南、西藏等地区由于数据缺失严重而舍弃，为了与前文保持一致，重庆与四川数据合并。

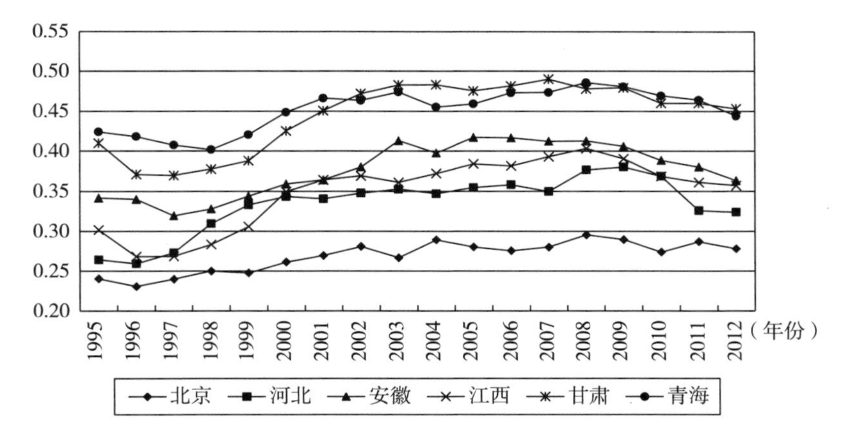

图 7－3 部分省份全部居民收入基尼系数变化趋势

图 7－1 是部分省（市、区）城镇居民收入的基尼系数变化趋势图，为了全面反映不同区域的居民收入基尼系数变化，本书选择了东部地区的北京和河北，中部地区的安徽和江西，西部地区的甘肃和青海。可以看出在考察期内 6 个样本省份的城镇居民收入基尼系数在 0.1～0.4，总体上均呈现出上升趋势，表明我国城镇居民内部收入差距逐渐扩大。西部地区的青海和甘肃城镇居民收入基尼系数在考察期内多数年份高于其他省份，中部地区的安徽和江西在多数年份处于较低水平，但与东部地区的北京和河北差距很小。

图 7－2 是部分省（市、区）农村居民收入的基尼系数变化趋势图，所选样本地区与图 7－1 相同。可以看出在考察期内 6 个样本省份的农村居民收入基尼系数在 0.15～0.45，总体上呈现出平稳趋势，表明我国农村居民内部收入差距在考察期内变化不大。与城镇居民收入基尼系数相似，西部地区的青海和甘肃农村居民收入基尼系数在考察期内多数年份高于其他省份，而中部地区的安徽、江西与东部地区的北京、河北则相差无几。

图 7－3 是部分省（市、区）全部居民收入的基尼系数变化趋势图，所选样本地区与图 7－1 相同。可以看出在考察期内 6 个样本省份的全部居民收入基尼系数在 0.2～0.5，2007 年及以前呈现出上升趋势，之后呈缓慢下降趋势，表明我国全部居民收入差距在考察期内先扩大后缩小。西部地区的青海和甘肃全部居民收入基尼系数在考察期内所有年份高于其他省份，且大多数年份的基尼系数甚至超过了 0.4 的国际警戒线，表明西部地区的收入差距较大；东部地区的北京和河北在多数年份处于较低水平，中部地区的安徽和江西位于东西部之间。

对比图 7－1、图 7－2 和图 7－3，可以发现，考察期内无论是全部居民收入基尼系数、城镇居民收入基尼系数还是农村居民收入基尼系数，西部地区均为最高水平，表明西部地区的全部居民、城镇居民和农村居民之间的收入不平等程度均高于其他地区。此外，各省份城镇居民收入基尼系数与全部居民基尼系数变化趋势相近，农村居民收入基尼系数在考察期内较为稳定，表明城镇居民收入差距是全部居民收入差距扩大的原因之一；但所有省份的居民收入基尼系数在多数年份高于城镇居民和农村居民收入基尼系数，表明城乡收入差距是全部居民收入差距较大的另一个原因，因此，有必要对各省份城乡收入差距状况进行分析。本书用城镇居民人均可支配收入与农村居民人均纯收入之比作为城乡收入差距的衡量变量，图7－4是北京、河北、安徽、江西、甘肃和青海6个省份的城乡收入差距计算结果。

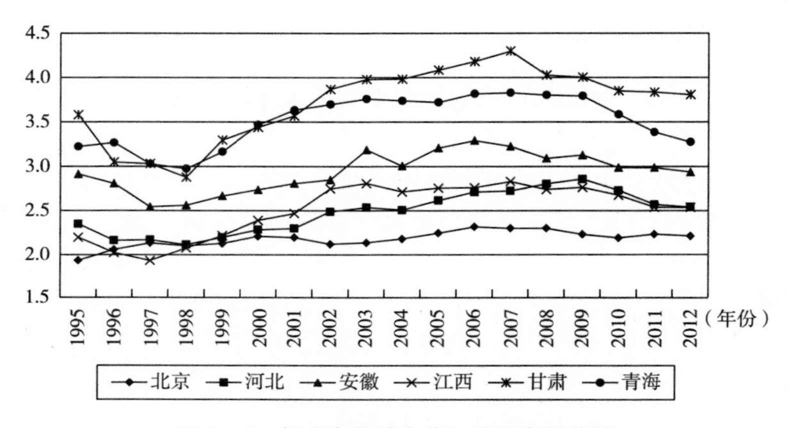

图7－4　部分省份城乡收入差距变化趋势

可以看出，在考察期内6个样本省份的城乡收入差距在2007年及以前基本上呈现上升趋势，之后呈缓慢下降趋势，西部地区的青海和甘肃城乡收入差距在考察期内所有年份高于其他省份，东部地区的北京和河北在多数年份处于较低水平，中部地区的安徽和江西位于东西部之间。这类似于全部居民收入基尼系数的状况，表明城乡收入差距的确是全部居民收入差距变化的重要原因。

第三节　制度质量和收入不平等影响环境污染实证分析

一、计量模型设定

这部分基于面板数据回归模型对理论模型的结论进行实证检验。为了估计制度质量和收入不平等对环境污染的影响，并结合式（3-65），本章使用如下计量方程：

$$EP_{it} = \beta_0 + \beta_1 COR_{it} + \beta_2 Gini_{it} + \beta_3 Gini_{it} \times COR_{it} + \beta_4 Z_{it} + u_i + \varepsilon_{it} \quad (7-17)$$

其中，下标 i 和 t 分别表示省份和时间。EP 和 COR 与第三章的含义相同，$Gini$ 表示居民收入基尼系数，因此，β_2 衡量了收入不平等对环境污染的直接影响。我国环境规制的实施要受到被拉拢的主管人员的影响，根据理论模型，由于污染排放企业拥有者往往属于高收入阶层，收入不平等上升意味着污染企业拥有者的收入上升，其用于被拉拢的主管人员以降低环境规制实施力度的金额也将增加，进而排放水平上升，因此，预期β_2显著为正，即收入分配越不平等污染越多。$Gini \times COR$ 是收入不平等和制度质量的交互项，因此，β_3衡量了制度质量和收入不平等交互作用影响环境污染的程度，显然制度质量弱化程度越严重，污染企业拥有者通过拉拢主管人员使环境规制实施力度降低待越多，因此，预期β_3符号为正。Z 表示影响环境污染的控制变量，u_i表示不随时间变化的地区固定效应，ε_{it}表示随机扰动项。

根据地理学第一定律"任何事物与其他事物都有一定的联系，且较近的事物之间的联系更紧密"。受自然因素影响，一个地区的环境状况必定与邻近地区的环境质量紧密相关，而地区之间经济生产活动的相互联系又增强了环境质量的关联。为了体现环境污染的空间相关性，本书构建空间滞后模型（Spatial Lag Model，SLM）和空间误差模型（Spatial Errors Model，SEM），具体来说：

空间滞后模型（SLM）认为，空间相关性仅来自于被解释变量，即相邻地区中只有污染排放会影响本地区的环境质量，对应的计量模型为：

$$EP_{it} = \rho W EP_{it} + \beta_0 + \beta_1 COR_{it} + \beta_2 Gini_{it} + \beta_3 Gini_{it} \times COR_{it} + \beta_4 Z_{it} + u_i + \varepsilon_{it} \quad (7-18)$$

其中，ρ 表示空间回归系数，W 表示已知的 $n \times n$ 空间权重矩阵，空间相关性仅由ρ 来刻画，它反映了邻近地区污染排放影响本地区环境质量的方向和程度。

空间误差模型（SEM）认为，空间相关性通过误差项来体现，即对本地区环境质量有影响的存在空间相关性的是不包含在已知解释变量中的遗漏变量，或是不可观测的随机冲击存在空间相关性，对应的计量模型为：

$$EP_{it} = \beta_0 + \beta_1 COR_{it} + \beta_2 Gini_{it} + \beta_3 Gini_{it} \times COR_{it} + \beta_4 Z_{it} + u_i + \varepsilon_{it}$$

$$\varepsilon_{it} = \lambda W \varepsilon_{jt} + v_{it} \quad (7-19)$$

其中，λ 表示空间误差系数，反映了被解释变量的误差冲击对本地区环境质量的影响方向和程度，v_{it}表示随机误差项。

二、变量说明

囿于各省份基尼系数数据可得性，本书研究样本限定在1995～2012年23个省（市、区），样本观测值共414个。相关变量说明如下：

环境污染（EP），包括大气污染、水污染、噪声污染和土壤污染等。由于我国的环境污染以工业污染为主，因此，已有的文献多采用工业“三废”中某一种或某几种污染物作为我国环境污染的衡量指标。考虑到近些年来我国工业固体废物综合利用率不断提高，全国每年工业固体废物排放总量从2000年的3186万吨减少至2015年的56万吨[①]，2008年以后很多省份的工业固体废物排放量不足万吨，这表明工业固体废物已不再是我国的主要污染物。有鉴于此，本书使用人均工业废气（EP1）和人均工业废水（EP2）排放量作为环境污染的代理变量。

COR表示制度质量水平。在《中国检察年鉴》中各省份工作报告会披露每年各地方检察机关立案侦查的贪污、贿赂和渎职侵权等职务犯罪案件数，本章用这一数据表征各地区制度质量弱化程度。为了剔除政府规模和各地区人口总数的影响，本章最终用单位公职人员职务犯罪案件立案数（COR1）作为制度质量弱化的代理变量，为保证回归结果的稳健性，还选择各省份单位人口职务犯罪案件立案数（COR2）和各省份公职人员中女性人员占比（COR3）作为制度质量弱化的替代变量。

*Gini*表示收入基尼系数，用全部居民收入基尼系数G来衡量，由第五章第三节计算得到。

W表示空间权重矩阵，衡量不同地区之间的地理距离或经济联系程度。假设地区i和j之间的距离为w_{ij}，那么空间权重矩阵为：

$$W=\begin{pmatrix} w_{11} & \cdots & w_{1n} \\ \vdots & \ddots & \vdots \\ w_{n1} & \cdots & w_{nn} \end{pmatrix}$$

显然W为$n\times n$对称方阵，且对角线元素$w_{11}=\cdots=w_{nn}=0$，即某地区和自身距离为0。现有研究最常使用的空间矩阵为地理邻接矩阵，又称0－1矩阵，当地区i和j空间上相接时，$w_{ij}=1$；当地区i和j不相接时，$w_{ij}=0$，可以发现地理邻接矩阵仅认为空间上相接的地区之间才存在空间相关，不相接的地区则不存在空间相关，因此，在衡量各地区空间相关性上存在缺陷。本书按照不同的研究目的选取以下三种权重矩阵，第一种是地理距离权重矩阵W_D，当$i\neq j$时，矩阵元素$w_{ij}=1/d_{ij}$；当$i=j$时，$w_{ij}=0$，其中d_{ij}是省会城市之间的欧氏距离，显然地区间

① 资料来源于《中国环境统计年鉴》（2016）。

地理距离越小，则权重越大，相互影响也越强。第二种是经济距离权重矩阵W_E，参照林光平等（2005）和李胜兰等（2014）的研究，本书用两省份人均地区生产总值的差值的倒数表示地区间经济权重，即当 $i \neq j$ 时，矩阵元素 $w_{ij} = 1/|gdp_i - gdp_j|$，$gdp_i$和$gdp_j$分别表示地区 i 和 j 的人均 GDP，经济权重考虑了不同地区经济发展水平的差异，且经济发展水平相近的地区环境污染可能存在较强空间相关性。第三种是混合权重矩阵W_M，该权重同时考虑了地理距离和经济距离对研究变量的影响，计算方法为$W_M = W_D \times W_E$，其中W_D表示空间地理距离权重，W_E表示经济距离权重，在具体计量分析过程中对这三类权重矩阵进行标准化处理后再作为空间个体的权重。

Z 表示控制变量，包括经济发展水平（Y）及其平方项、产业结构（IS）、人口密度（PD）、对外开放度（OPEN）、能源效率（EE）、城镇化率（URB），变量含义和数据来源均与第四章相同。

三、总体样本实证结果及分析

由于空间滞后变量存在内生性问题，如果采用传统 OLS 方法估计空间计量模型会使结果发生偏误，因此，本书采用最大似然估计法（MLE）来估计模型中的各个参数。Hausman 检验表明，固定效应模型优于随机效应，且比较 LM 和 LM Robust 统计量可以发现，LM Lag 和 LM Lag（Robust）统计值至少在5%的水平上显著，而 LM Error 和 LM Error（Robust）统计值均未通过显著性检验，根据 Anselin 等（1996）提出的空间模型形式判别准则，空间滞后模型（SLM）是合适的空间模型形式。制度质量和全部居民收入不平等对环境污染影响的计量检验结果见表 7－1。

表 7－1　制度质量、居民收入不平等和环境污染

解释变量	EP1			EP2		
	(1)	(2)	(3)	(4)	(5)	(6)
COR1	0.05** (0.17)	0.08** (0.17)	0.07** (0.17)	0.01*** (0.21)	0.04*** (0.21)	0.01*** (0.21)
G	1.90* (1.58)	1.96* (1.55)	1.95* (1.55)	1.95* (1.88)	2.73** (1.93)	2.56** (1.95)
G × COR1	0.27*** (0.45)	0.30*** (0.44)	0.29*** (0.44)	0.11 (0.54)	0.41*** (0.55)	0.34*** (0.56)
是否加入控制变量	Yes	Yes	Yes	Yes	Yes	Yes

续表

解释变量	EP1			EP2		
	(1)	(2)	(3)	(4)	(5)	(6)
ρ	0.27 *** (0.07)	0.24 *** (0.04)	0.25 *** (0.04)	0.61 *** (0.12)	0.19 *** (0.06)	0.11 * (0.06)
R^2	0.79	0.80	0.78	0.82	0.74	0.74
权重类型	W_D	W_E	W_M	W_D	W_E	W_M
样本数	414	414	414	414	414	414

注：***、**、*分别表示在1%、5%、10%的水平上显著；括号内为标准差；W_D、W_E和W_M分别表示地理距离权重矩阵、经济距离权重矩阵和混合权重矩阵。

在表7－1中，回归方程（1）～方程（6）汇报了全样本23个省（市、区）制度质量和全部居民收入不平等对环境污染影响的估计结果。具体来看，模型（1）分析了基于地理距离权重的各省份制度质量和居民收入不平等对环境污染的影响。使用人均工业废气排放量（EP1）这一环境污染指标作为被解释变量，制度质量指标（单位公职人员职务犯罪案件立案数，COR1）、收入不平等指标（全部居民收入基尼系数，G）和两者的交互项作为关键解释变量，经济发展水平（Y）及平方项、产业结构（IS）、人口密度（PD）、对外开放度（OPEN）等作为控制变量。结果表明，空间滞后系数ρ为正且至少在1%的水平上显著，表明污染排放存在空间正自相关；制度质量系数为0.05且在5%的水平上显著，即制度质量弱化水平的上升会促进污染排放；全部居民收入基尼系数的系数为1.9且在10%的水平上显著，即收入不平等程度的扩大会促进污染排放；制度质量弱化和全部居民收入基尼系数交互项系数为0.27且在1%的水平上显著，即制度质量弱化和收入不平等交互作用间接促进了污染排放。

模型（2）分析了基于经济距离权重的各省份制度质量和居民收入不平等对环境污染的影响。使用人均工业废气排放量（EP1）这一环境污染指标作为被解释变量，制度质量指标（单位公职人员职务犯罪案件立案数，COR1）、收入不平等指标（全部居民收入基尼系数，G）和两者的交互项作为关键解释变量，经济发展水平（Y）及平方项、产业结构（IS）、人口密度（PD）、对外开放度（OPEN）等作为控制变量。结果表明，空间滞后系数ρ为正且至少在1%的水平上显著，表明污染排放存在空间正自相关；制度质量系数为0.08且在5%的水平上显著，即制度质量弱化水平的上升会促进污染排放；全部居民收入基尼系数的系数为1.96且在10%的水平上显著，即收入不平等程度的扩大会促进污染排放；制度质量弱化和全部居民收入基尼系数交互项系数为0.3且在1%的水平上显著，

即制度质量弱化和收入不平等交互作用间接促进了污染排放。

模型（3）分析了基于混合权重的各省份制度质量和居民收入不平等对环境污染的影响。使用人均工业废气排放量（EP1）这一环境污染指标作为被解释变量，制度质量指标（单位公职人员职务犯罪案件立案数，COR1）、收入不平等指标（全部居民收入基尼系数，G）和两者的交互项作为关键解释变量，经济发展水平（Y）及平方项、产业结构（IS）、人口密度（PD）、对外开放度（OPEN）等作为控制变量。结果表明，空间滞后系数 ρ 为正且至少在 1% 的水平上显著，表明污染排放存在空间正自相关；制度质量系数为 0.07 且在 5% 的水平上显著，即制度质量弱化水平的上升会促进污染排放；全部居民收入基尼系数的系数为 1.95 且在 10% 的水平上显著，即收入不平等程度的扩大会促进污染排放；制度质量弱化和全部居民收入基尼系数交互项系数为 0.29 且在 1% 的水平上显著，即制度质量弱化和收入不平等交互作用间接促进了污染排放。

模型（4）分析了基于地理距离权重的各省份制度质量和居民收入不平等对环境污染的影响。使用人均工业废水排放量（EP2）这一环境污染指标作为被解释变量，制度质量指标（单位公职人员职务犯罪案件立案数，COR1）、收入不平等指标（全部居民收入基尼系数，G）和两者的交互项作为关键解释变量，经济发展水平（Y）及平方项、产业结构（IS）、人口密度（PD）、对外开放度（OPEN）等作为控制变量。结果表明，空间滞后系数 ρ 为正且至少在 1% 的水平上显著，表明污染排放存在空间正自相关；制度质量系数为 0.01 且在 1% 的水平上显著，即制度质量弱化水平的上升会促进污染排放；全部居民收入基尼系数的系数为 1.95 且在 10% 的水平上显著，即收入不平等程度的扩大会促进污染排放；制度质量弱化和全部居民收入基尼系数交互项系数为 0.11 但在统计上不显著，即制度质量弱化和收入不平等交互作用对污染排放的促进作用不明显。

模型（5）分析了基于经济距离权重的各省份制度质量和居民收入不平等对环境污染的影响。使用人均工业废水排放量（EP2）这一环境污染指标作为被解释变量，制度质量指标（单位公职人员职务犯罪案件立案数，COR1）、收入不平等指标（全部居民收入基尼系数，G）和两者的交互项作为关键解释变量，经济发展水平（Y）及平方项、产业结构（IS）、人口密度（PD）、对外开放度（OPEN）等作为控制变量。结果表明，空间滞后系数 ρ 为正且至少在 1% 的水平上显著，表明污染排放存在空间正自相关；制度质量系数为 0.04 且在 1% 的水平上显著，即制度质量弱化水平的上升会促进污染排放；全部居民收入基尼系数的系数为 2.73 且在 5% 的水平上显著，即收入不平等程度的扩大会促进污染排放；制度质量弱化和全部居民收入基尼系数交互项系数为 0.41 且在 1% 的水平上显著，即制度质量弱化和收入不平等交互作用间接促进了污染排放。

模型（6）分析了基于混合权重的各省份制度质量和居民收入不平等对环境污染的影响。使用人均工业废水排放量（EP2）这一环境污染指标作为被解释变量，制度质量指标（单位公职人员职务犯罪案件立案数，COR1）、收入不平等指标（全部居民收入基尼系数，G）和两者的交互项作为关键解释变量，经济发展水平（Y）及平方项、产业结构（IS）、人口密度（PD）、对外开放度（OPEN）等作为控制变量。结果表明，空间滞后系数 ρ 为正且至少在10%的水平上显著，表明污染排放存在空间正自相关；制度质量系数为0.01且在1%的水平上显著，即制度质量弱化水平的上升会促进污染排放；全部居民收入基尼系数的系数为2.56且在5%的水平上显著，即收入不平等程度的扩大会促进污染排放；制度质量弱化和全部居民收入基尼系数交互项系数为0.34且在1%的水平上显著，即制度质量弱化和收入不平等交互作用间接促进了污染排放。

综合以上分析可以发现，环境污染指标无论是采用人均工业废气排放量（EP1）还是人均工业废水排放量（EP2），空间权重矩阵无论是采用地理距离权重 W_D、经济距离权重 W_E 还是混合权重 W_M，空间滞后系数均显著为正，表明地区间的污染排放在空间上具有显著的外溢性和空间效应，高污染地区往往与其他高污染地区相邻近，低污染地区与其他低污染地区相邻近。制度质量指标均显著为正，表明制度质量通过弱化环境规制执行力度或扭曲环境政策增加了企业的实际污染排放，与第三章结果一致。居民收入基尼系数的系数均显著为正，且在各方程之间差异不大，表明收入不平等的扩大会促进污染排放，与上文理论模型结论一致，当环境标准由相关主管人员决定时，收入不平等上升意味着属于高收入阶层的污染企业主有更多的资金拉拢相关主管人员以降低环境规制实施强度，这将导致污染排放增加。我们最关注的是制度质量弱化和收入不平等指标交互项，该交互项系数均为正且在大多数模型中显著，并在各方程之间差异不大，表明制度质量弱化不仅会降低环境规制实施力度直接促进污染排放，还会与收入不平等交互作用间接促进污染排放。这是因为，首先，在制度质量弱化程度严重的地区，相关主管人员面临的约束往往很弱，属于高收入阶层的污染企业主向相关主管人员行贿可以使环境规制实施强度降低的强度和范围更多，因而污染排放也更多；其次，环境污染的成本主要由低收入阶层承担，收益却主要归属于高收入阶层的污染企业主，而污染企业主具有更大的政治影响力，当制度质量弱化严重时，企业主与相关主管人员共谋会阻止或延缓环保政策的出台；再次，当制度质量弱化程度较高时，相关主管人员贪污或挪用的向低收入阶层的财政转移支付资金越多，这将阻碍收入分配差距的缩小，当低收入阶层无法获得财政支持时，将不惜以破坏环境为代价来改善物质生活水平；最后，在制度质量弱化程度严重的地区，高收入阶层通过向相关主管人员行贿来规避或减少本应承担的各项税费，政

府收入的下降将减少政府在环保教育和宣传等方面的投入，这将延缓居民环保意识的提高，进而造成更多的污染排放。

四、稳健性检验

为了确保实证结果的稳健性，本书进行了如下稳健性检验：第一，除了采用地理距离权重矩阵之外，还采用经济距离权重矩阵和混合权重矩阵，环境污染指标除了采用工业废气排放之外还采用工业废水排放，以检验实证结果对不同权重矩阵和污染指标的稳健性，这一分析的结果见表 7－1。从上文的分析可知，同一污染指标不同权重矩阵下制度质量、收入不平等及两者交互项等关键解释变量的系数符号均是相同的，系数估计值也只有较小的差异；在不同污染指标下制度质量、收入不平等及两者交互项等关键解释变量的系数也均是相同的，这表明实证结果具有稳健性。第二，除了使用单位公职人员职务犯罪案件立案数来衡量制度质量弱化水平之外，还使用各省份单位人口职务犯罪案件立案数（COR2）和各省份公职人员中女性人员占比（COR3）分别作为制度质量弱化的替代变量来进行回归分析，其检验结果分别见表 7－2 和表 7－3。

表 7－2　制度质量和收入不平等对环境污染影响的稳健性检验（a）

解释变量	EP1			EP2		
	(1)	(2)	(3)	(4)	(5)	(6)
COR2	0.07*** (0.19)	0.14*** (0.19)	0.12*** (0.19)	0.75*** (0.23)	0.72*** (0.23)	0.76*** (0.23)
G	2.21* (1.74)	2.76* (1.71)	2.55* (1.71)	4.56** (2.05)	4.09* (2.13)	4.41** (2.14)
G × COR2	0.36** (0.51)	0.54** (0.50)	0.47** (0.50)	1.84*** (0.60)	1.61** (0.62)	1.72*** (0.63)
是否加入控制变量	Yes	Yes	Yes	Yes	Yes	Yes
ρ	0.27*** (0.06)	0.23*** (0.04)	0.24*** (0.04)	0.60*** (0.11)	0.16** (0.06)	0.08* (0.06)
R^2	0.74	0.75	0.78	0.84	0.87	0.85
权重类型	W_D	W_E	W_M	W_D	W_E	W_M
样本数	414	414	414	414	414	414

注：***、**、* 分别表示在 1%、5%、10% 的水平上显著；括号内为标准差；W_D、W_E 和 W_M 分别表示地理距离权重矩阵、经济距离权重矩阵和混合权重矩阵。

表 7-3　制度质量和收入不平等对环境污染影响的稳健性检验（b）

解释变量	EP1			EP2		
	(1)	(2)	(3)	(4)	(5)	(6)
COR3	-0.05* (0.02)	-0.05* (0.02)	-0.05** (0.02)	-0.01* (0.03)	-0.01* (0.03)	-0.01* (0.03)
G	4.52*** (1.60)	4.51*** (1.56)	4.49*** (1.56)	0.09 (1.89)	1.06* (1.95)	0.86* (1.97)
G×COR3	-0.14** (0.06)	-0.14** (0.06)	-0.14** (0.06)	-0.05* (0.07)	-0.08* (0.07)	-0.07* (0.07)
是否加入控制变量	Yes	Yes	Yes	Yes	Yes	Yes
ρ	0.23*** (0.07)	0.22*** (0.04)	0.23*** (0.04)	0.62*** (0.11)	0.18*** (0.06)	0.10* (0.06)
R^2	0.82	0.86	0.81	0.76	0.73	0.71
权重类型	W_D	W_E	W_M	W_D	W_E	W_M
样本数	414	414	414	414	414	414

注：***、**、*分别表示在1%、5%、10%的水平上显著；括号内为标准差；W_D、W_E和W_M分别表示地理距离权重矩阵、经济距离权重矩阵和混合权重矩阵。

从表7-2和表7-3可以看出，当用各省份单位人口职务犯罪案件立案数作为制度质量弱化指标时，制度质量系数为正且至少在1%的水平上显著、收入不平等系数为正且至少在10%的水平上显著、两者交互项系数为正且至少在5%的水平上显著；当用各省份公职人员中女性人员占比作为制度质量弱化的替代变量时，制度质量的系数为负且至少在10%的水平上显著、收入不平等系数为正且至少在10%的水平上显著、两者交互项系数为负且至少在10%的水平上显著，均与预期一致。以上结果说明表7-2和表7-3关键解释变量的估计结果与表7-1基本一致，只是显著性稍有变化，进一步证明了实证结果的稳健性。

五、分地区样本实证结果及分析

我国东中西部地区在经济发展水平和市场化程度等方面差异显著，这可能会影响制度质量和收入不平等对环境污染的作用。因此，本书将全部省份分为东、中、西部三大区域，探讨不同样本制度质量和收入不平等对环境污染影响的差异。在进行实证分析之前，仍要结合Hausman检验和LM检验确定空间计量模型的具体形式，结果发现，东中西部地区均适用固定效应的空间滞后模型。计量结果见表7－4，其中，各个模型均采用地理距离矩阵W_D作为权重矩阵。

表7－4　不同地区空间计量检验结果

解释变量	东部		中部		西部	
	EP1	EP2	EP1	EP2	EP1	EP2
	(1)	(2)	(3)	(4)	(5)	(6)
COR1	0.58** (0.25)	0.21** (0.33)	1.10*** (0.58)	0.33** (0.65)	1.31** (0.62)	1.20*** (0.63)
G	7.77*** (2.85)	5.11** (3.70)	9.73*** (5.74)	3.88** (2.38)	0.79* (4.56)	5.12*** (4.69)
G×COR1	1.79** (0.80)	1.09** (1.04)	3.04*** (1.62)	1.94** (1.80)	2.62** (1.39)	1.65*** (1.43)
是否加入控制变量	Yes	Yes	Yes	Yes	Yes	Yes
ρ	0.01** (0.11)	0.21*** (0.13)	0.26*** (0.09)	0.07** (0.11)	0.28*** (0.09)	0.45*** (0.11)
R^2	0.71	0.77	0.79	0.83	0.87	0.84
权重类型	W_D	W_D	W_D	W_D	W_D	W_D
样本数	144	144	108	108	162	162

注：***、**、*分别表示在1%、5%、10%的水平上显著；括号内为标准差。

从表7－4可以发现，环境污染指标无论是采用人均工业废气排放量（EP1）还是人均工业废水排放量（EP2），模型（1）～模型（6）的空间滞后系数均显著为正，表明东中西各个地区之内各省份间的污染排放在空间上均具有显著的外溢性和空间效应。制度质量、收入不平等指标及其交互项的系数均显著为正，与全样本检验结果一致。进一步比较可发现，东部地区工业废气和工业废水回归方程的制度质量和收入不平等交互项系数均低于中部和西部地区，表明东部地区制度质量和收入不平等交互作用对污染排放的促进作用低于中西部地区，这是因为相较于中西部地区，东部地区的经济发展水平更高，因此，民间的各类环保组织也更多，它们自发组织的环保宣传会弥补政府在环保教育和宣传等方面的缺失，东部地区居民的环保意识更强，因此，收入不平等和制度质量对污染排放的影响较中西部更低。

第四节　本章小结

本章通过理论模型和实证检验的方法来分析制度质量通过收入不平等对环境污染的间接影响。在理论模型方面，本章基于动态博弈模型探讨了制度质量和收入不平等交互作用对环境污染的内在作用机制，结果发现，如果环境规制由所有人投票决定，那么收入分配不平等程度越高，环境标准就越高，污染排放越少；如果环境规制不是由投票决定，而是由易拉拢的主管人员决定，那么收入分配不平等程度越高，富裕阶层（即生产企业主）用于拉拢主管人员以弱化环境规制的资金越多，污染排放也就越多，即制度质量弱化与收入不平等交互作用间接促进污染排放。基于理论分析基础，利用1995～2012年中国23个省份面板数据和空间计量模型实证研究了地方政府制度质量弱化和收入不平等交互作用对环境污染的影响，结果表明：①环境污染指标无论是采用人均工业废气排放量还是人均工业废水排放量，空间权重矩阵无论是采用地理距离权重、经济距离权重还是混合权重，收入不平等系数均显著为正，表明居民收入差距的扩大会促进污染排放；②制度质量弱化和收入不平等交互项系数均显著为正，表明制度质量弱化不仅会降低环境规制实施力度直接促进污染排放，也会通过扩大居民收入差距间接促进污染排放，证实了理论模型结论；③不同区域制度质量弱化和收入不平等交互作用对环境污染的影响存在差异，东部地区制度质量和收入不平等交互作用对污染排放的促进作用低于中西部地区。

第八章　结论与展望

第一节　主要结论

良好的生态环境是人类生存和经济社会可持续发展的重要基础，改革开放以来，虽然我国经济建设取得巨大成功，但环境质量持续恶化，已经严重影响到人民群众的身体健康和正常生产生活。与此同时，我国还正在经受高制度质量弱化的压力，这严重影响了政府各类制度的贯彻实施以及公平公正社会环境的形成。具体到环保领域，相关主管人员为本不符合环保标准的污染企业开启环评绿灯，或对造成巨大环境污染本应处以重罚的企业私自降低处罚金额，或擅自挪用本应用于治污减排的专项资金，这些都对环境质量造成极大破坏，但现有研究对制度质量弱化影响环境污染作用机制的考察还不够深入。为了全面、系统地对制度质量弱化和环境污染的关系进行研究，本书将采用污染生产技术的生产企业与环保主管人员纳入同一分析框架，探究了以个人利益最大化为动机的主管人员与高污染企业共谋对环境规制实际水平以及污染排放的直接影响。接下来分别考察了制度质量弱化与隐性经济、外商直接投资交互作用对环境污染的影响。本书的主要研究结论如下：

（1）当经济中存在相关主管人员时，相关主管人员为实现个人利益最大化收取费用并与污染企业共谋，瞒报实际生产技术选择与污染排放量。企业愿意拉拢相关主管人员，因为这可使其在采用高污染生产技术时只承担部分环境成本，因而降低了企业生产成本，导致市场达到均衡时的社会总产出以及社会平均污染率均上升，进而导致污染排放增加，表明制度质量弱化的存在对环境污染具有显著促进作用。

（2）利用空间计量方法对 1994 ~ 2015 年 29 个省份的面板数据进行回归分

析，结果表明，环境污染指标无论是采用人均工业废气排放量还是人均工业废水排放量，制度质量指标系数均显著为正，证实了理论模型的结论；工业废水排放企业对制度质量弱化程度更敏感，更愿意通过拉拢环保主管人员来降低环境监管力度；不同区域制度质量弱化对环境污染的影响存在差异，东部地区制度质量对污染排放的促进作用低于中西部地区。

（3）制度质量弱化与隐性经济交互作用增加了污染排放。非正式部门生产可以规避环境规制的约束，因此，隐性经济规模上升会增加污染排放；主管人员比例上升会降低企业非正式部门组织生产的预期罚金成本（即隐性经济部门监管力度减弱）、增加正式部门的运营成本，因此，企业将正式部门生产活动转移到非正式部门的激励上升，隐性经济规模扩大，即制度质量弱化通过扩大隐性经济规模促进污染排放。

（4）制度质量弱化与外商直接投资交互作用增加了污染排放。当不存在制度质量弱化时，如果发达国家和发展中国家环境规制水平差距较大，企业为规避发达国家严格的环境规制会将生产工厂转移到发展中国家，导致发展中国家环境污染上升，并逐渐成为发达国家跨国企业的污染天堂。当存在制度质量弱化时，以往因不符合东道国名义环境标准而不能进入的 FDI 通过拉拢主管人员使实际环境规制隐性降低，进而投资组织生产，已进入的 FDI 企业通过拉拢主管人员放松环保监察，改用污染率更高的生产技术以降低生产成本，导致在发展中国家投资建厂的 FDI 整体质量下降；高技术 FDI 出于对东道国政府治理水平和知识产权保护的担忧，倾向于以独资而非合资形式设立企业组织生产，削弱了 FDI 企业技术溢出效应和内资企业技术吸收能力，即制度质量弱化和 FDI 交互作用进一步加剧了环境污染。

第二节 政策建议

本书构建理论模型并利用省际面板数据和空间计量方法对制度质量弱化和环境污染的关系进行了系统考察，发现当制度质量弱化水平较高时，会弱化环境规制实施力度、降低企业采用清洁生产技术和降污技术的激励，最终增加了污染排放，因而表明反制度质量弱化对治污减排具有积极作用，这表明我国应建立健全反制度质量弱化制度，避免制度质量弱化对环境污染的负面影响。

（1）加强权力监督，建立健全反腐制度。从透明国际发布的“制度质量弱化感知指数”可以看出，近些年，尽管我国制度质量弱化状况在逐渐改善，但仍

属于制度质量弱化较为严重的国家。为了降低制度质量弱化对环境质量的负面影响，应改进、优化权力约束机制，建立健全反腐制度，增加制度质量弱化成本。具体来讲，应加强国家权力机关对政府部门的监督，强化党内监督和内部权力约束，优化中央政府和地方政府在财权和事权上的划分；在制度上保证司法独立，避免各级政府对司法机关的干预和直接领导；完善反制度质量弱化和环保领域的法律法规，为反制度质量弱化工作提供坚实的法律基础；加快政府职能转变和简政放权改革，简化行政审批流程以降低制度质量弱化发生的可能性；对公务员开展思想教育活动，提高他们的道德素养和社会责任感。此外，还应建立民众和社会媒体的监督机制，各种监督机制只有紧密配合才可以最大限度地预防制度质量弱化。增加制度质量弱化的成本，制度质量弱化成本包括制度质量弱化心理成本、机会成本和被调查后的惩戒措施，前两项较难改变，因此，提高制度质量弱化成本的关键在于提高被调查概率和受罚成本，即应该扩大司法队伍，加大对制度质量的打击范围和力度，对违法违纪人员从严从重处理。

（2）加大环保领域反腐力度。在治理制度质量弱化过程中，应重点加强环保领域的反制度质量弱化力度。在环保领域，环境规章制度的制定以及具体执法环节容易滋生制度质量弱化，尤其是在发展中国家，从环保政策制定开始就有利益集团的干预与拉拢行为，在具体执法过程中主管人员利用权力谋利，导致政策难出台或不及预期，而政策的执行也大打折扣，造成对环境质量的破坏。具体来说，环保领域反腐措施应注意以下五个方面：第一，加强环保执法事后核查力度。具体包括，对企业排污税费缴纳情况的核查：检查排污税费缴纳额和企业实际排污情况是否相符，减少人情收费和乱收费等现象，保证排污税费足额缴纳。对环境管理部门工作人员执法行为的核查：通过核查保证环保工作人员的执法行为符合相关法律法规的规定，杜绝其收受贿赂和权力滥用行为。对环保部门公布的各项环境质量指数的核查，例如，空气质量指数（AQI），杜绝环境监测数据造假等行为，保障公民对环境质量的知情权。对建设项目“三同时”的核查：检查建设项目的治污配套措施是否合规、到位，避免建设企业与环保主管人员暗地勾结、偷工减料。第二，改革环保绩效考核办法。虽然我国已将环保绩效考核纳入主管人员总体考核范围，但在全部考核项目中占比较低，远低于经济增长指标占比，因此，应提高环保绩效在考核体系中的占比，必要时实行“一票否决制”。此外在上级政府考核下级人员过程中环保领域数据来自下级环保部门，而下级环保部门又受被考核人员领导，因此，对下级人员环保绩效的考核很难做到客观公正，应由环保部在各地区设立环保督查中心作为“第三方”独立机构，为官员考核提供客观依据。通过改革环保绩效考核办法，提高制度质量弱化成本，确保其贯彻实施各项环保规制。第三，重视市场化的减排措施。政府制定的各项行政命令型环境规制很容易受到制度质量弱化行为的影响，导致虽然我国已经出台了一系列环保领域的规章制度，但减排效果却很差，为此政府应加强对市场化减排措施的利用，将环境规制、可交易的污染排放限额和环境成本等行政手段和市场手段结合使用，降低制度质量弱化对污染排放的影响。第四，加强对污染企业的系统监控。对污染企业的监管需要一定的技术基础，例如，在监控企业碳排放时，需要具备先进的检测设备和专业的技术人员。由于环境监测站已经具备完善的监测体系，因此，环境管理部门应加强对环境监测站的支持和建设力度，依据监测站的客观数据可为排污税费的征收提供科学依据。第五，应加强环保部门执法人员的思想教育工作，培养其认真负责的工作态度和社会责任感，从主观上引导他们远离与企业共谋的制度质量弱化活动。对于已经被拉拢、不执行环保规制的人员则要从严、从重惩罚。

（3）加快市场化建设与经济结构转型升级。实证研究结果表明，在市场化程度更高的东部地区，制度质量弱化对环境污染的影响较弱，说明市场化程度的提高能缓解制度质量弱化对环境质量的负面作用。因此，我国应加快完善市场机制，充分发挥市场在资源配置中的重要作用，缩短可能滋生制度质量弱化的行政审批流程，构建服务型政府。此外，制度质量弱化促进环境污染排放的经济背景是我国以高污染工业为主的产业结构，因此，促进产业结构转型升级、提高污染率较低的第三产业在国民经济中占比，将有助于消除相关主管人员和高污染企业共谋的先决条件。

本书的研究表明，制度质量弱化还可能通过扩大隐性经济规模、降低外资进入的质量和技术溢出效应促进环境污染，因此，如果短期内无法彻底解决制度质量弱化问题，那也可从以下两方面出发降低制度质量弱化对环境污染的影响：

第一，减轻企业税收负担，降低企业将生产活动转入隐性经济部门的动机，加大对隐性经济活动的监管和打击力度，并从制度上构建企业不想也不能从事隐性经济的长效制度。

第二，提高 FDI 进入技术门槛，减少低质量 FDI 投资，加大教育和科研投入，提高我国整体人力资本水平和内资企业技术吸收能力。

第三节　研究不足与展望

虽然本书基于理论和实证研究对制度质量弱化影响环境污染的作用机制进行了较为系统的分析，弥补了这一领域研究的不足。但本书仅是一个阶段性的研究成果，仍存在一些问题需要进一步的研究。

（1）本书在实证分析过程中主要采用地区单位公职人员或单位人口职务犯罪案件立案数作为地区制度质量弱化水平的衡量指标，由于职务犯罪案件立案数是对各地区反制度质量弱化力度的衡量（周灵灵，2015），因此，采用这类指标衡量制度质量弱化水平的前提条件是我国各地区反腐力度无差异，这样才可保证职务犯罪案件立案数与制度质量弱化程度同步变动。《中国的反制度质量弱化和廉政建设》白皮书表明，我国各级政府的反制度质量弱化工作不存在选择性偏差，因此，职务犯罪案件立案数可以作为制度质量弱化水平的工具变量，另外，这也是目前所能获得的省际层面上较为权威与完整的数据。但这类指标的缺点是只能间接衡量制度质量弱化水平，而国外文献对制度质量弱化问题的研究多采用CPI 等直接衡量制度质量弱化水平的指数，因此，以后如果可以获取省际层面上类似于 CPI 的综合性指数，实证结果将更加准确、可靠。

（2）本书分析了我国制度质量弱化水平影响外资质量及技术溢出效应进而影响我国环境质量这一作用机制。但有学者指出，外资质量及技术溢出效应不仅取决于东道国制度质量弱化水平，也取决于东道国和外资来源国制度质量弱化水平的差异，即制度质量弱化距离（Godinez & Liu，2015；胡兵、邓富华，2014；谢孟军，2016）。只有当外资来源国制度质量弱化水平低于东道国，即当制度质量弱化距离为负时，外资质量及技术溢出效应才会受到影响。因此，以后在研究制度质量弱化和外商直接投资交互作用对环境污染的影响时，应同时考虑 FDI 来源国的制度质量弱化水平。

（3）本书对制度质量弱化对环境污染的直接效应进行了较为深入的研究，但还未考察制度质量弱化与政府支出交互作用对环境污染的影响机制。文献综述中已提到，制度质量弱化的存在使易出现问题的一般公共服务、农林水事务支出和城乡社区事务等经济建设领域支出增加，不容易滋生制度质量弱化的科教卫文等领域支出下降。但前者的支出显然会增加污染排放，后者的支出通过提高居民环保意识有利于减少污染排放，因此，制度质量弱化与政府支出交互作用可能会对环境污染产生影响，本书未对这一机制进行探讨，因而是未来需要进一步研究的方向。

附　录

1998～2015年各省份隐性经济规模

单位：%

省份	1998年	1999年	2000年	2001年	2002年	2003年	2004年	2005年	2006年
北京	14.01	14.31	15.99	20.13	16.62	13.01	13.93	20.30	19.11
天津	6.00	11.36	12.50	13.89	14.53	13.88	13.84	13.46	13.20
河北	7.34	8.13	8.99	11.39	13.02	14.10	14.38	14.13	13.71
辽宁	10.31	10.82	11.17	9.74	18.92	18.96	19.18	16.59	15.10
上海	9.71	11.48	11.48	1.75	14.72	14.75	14.08	1.09	13.07
江苏	9.18	9.96	11.53	13.01	14.84	14.55	13.43	12.11	11.58
浙江	13.18	14.51	14.76	16.26	17.82	17.48	17.11	15.62	14.58
福建	9.70	10.50	12.47	17.83	19.23	18.51	18.23	18.11	18.00
山东	10.70	10.69	11.28	11.77	12.53	12.24	11.47	11.22	11.12
广东	8.74	9.20	9.96	11.56	11.83	13.11	10.00	9.18	9.25
海南	17.02	17.13	17.11	17.98	16.28	20.86	17.54	18.39	18.66
东部平均	10.53	11.65	12.48	13.21	15.48	15.59	14.84	13.66	14.31
山西	7.27	7.31	7.77	9.02	11.22	9.67	10.13	10.26	10.82
吉林	6.36	6.98	7.89	6.93	7.82	9.44	8.87	8.87	8.82
黑龙江	4.19	4.58	6.15	8.70	9.10	7.78	8.42	8.22	8.16
安徽	10.95	11.24	11.54	12.80	13.60	13.94	14.28	14.92	14.47
江西	11.95	12.80	14.30	16.28	16.44	17.30	17.13	16.42	16.86
河南	10.23	10.55	10.75	11.68	12.05	12.63	13.61	13.67	13.91
湖北	12.86	13.68	14.81	16.84	17.87	17.72	17.43	17.86	17.41
湖南	9.19	9.44	9.23	10.08	10.09	11.22	10.89	10.57	10.65
中部平均	9.12	9.57	10.31	11.54	12.27	12.47	12.59	12.60	12.64
内蒙古	13.17	13.45	14.08	15.46	17.09	19.07	19.88	18.62	17.85
广西	6.05	6.41	6.31	7.05	7.21	6.70	7.80	7.82	7.79

续表

省份	1998 年	1999 年	2000 年	2001 年	2002 年	2003 年	2004 年	2005 年	2006 年
四川（重庆）	7. 78	7. 83	8. 09	8. 91	9. 24	8. 58	8. 93	9. 29	9. 08
贵州	15. 47	16. 85	16. 20	17. 06	17. 45	17. 31	17. 37	17. 74	17. 37
云南	5. 05	6. 02	6. 28	7. 57	8. 83	7. 80	9. 20	8. 91	9. 08
陕西	16. 99	14. 86	15. 26	18. 02	17. 86	20. 97	21. 08	22. 88	22. 34
甘肃	16. 56	14. 69	14. 38	15. 00	16. 78	22. 13	17. 38	16. 58	18. 28
青海	15. 79	16. 19	15. 43	21. 34	21. 67	20. 85	22. 69	22. 68	22. 49
宁夏	15. 95	15. 61	16. 01	15. 65	15. 15	10. 53	15. 31	15. 34	14. 55
新疆	9. 12	8. 92	9. 05	8. 85	8. 86	6. 93	8. 20	9. 07	9. 00
西部平均	12. 19	12. 08	12. 11	13. 49	14. 01	14. 09	14. 78	14. 89	14. 78
全国平均	10. 72	11. 22	11. 75	12. 85	14. 09	14. 21	14. 20	13. 79	14. 01

省份	2007 年	2008 年	2009 年	2010 年	2011 年	2012 年	2013 年	2014 年	2015 年
北京	19. 68	20. 58	16. 70	15. 71	17. 11	15. 81	15. 30	13. 09	12. 42
天津	13. 44	13. 52	13. 63	13. 69	13. 89	13. 82	14. 06	13. 80	13. 70
河北	13. 92	14. 50	14. 05	14. 47	14. 02	13. 97	14. 15	13. 78	13. 60
辽宁	12. 84	11. 77	11. 55	10. 99	11. 25	10. 96	10. 38	9. 88	9. 16
上海	13. 12	12. 96	12. 90	13. 08	10. 86	9. 39	11. 80	12. 19	12. 69
江苏	11. 01	10. 76	10. 59	10. 13	10. 28	10. 00	9. 21	9. 05	8. 79
浙江	13. 73	14. 64	13. 73	13. 35	13. 20	12. 71	12. 28	11. 10	9. 85
福建	18. 04	17. 69	17. 46	16. 88	16. 61	16. 26	16. 25	15. 52	15. 67
山东	10. 93	12. 52	11. 46	11. 33	11. 29	11. 26	10. 96	10. 93	10. 76
广东	9. 06	9. 23	9. 32	9. 02	9. 05	9. 06	8. 83	8. 34	7. 97
海南	18. 20	20. 23	19. 32	18. 09	11. 95	13. 41	13. 96	14. 86	14. 85
东部平均	14. 00	14. 40	13. 70	13. 34	12. 68	12. 42	12. 47	12. 05	11. 77
山西	10. 80	11. 15	12. 94	11. 85	11. 56	11. 16	10. 60	11. 19	11. 21
吉林	8. 35	8. 45	8. 31	7. 80	7. 60	7. 47	7. 45	6. 69	6. 65
黑龙江	8. 01	7. 88	7. 94	7. 86	7. 58	7. 60	8. 13	8. 35	8. 56
安徽	14. 21	13. 92	14. 01	13. 25	13. 56	13. 42	12. 61	11. 82	11. 44
江西	16. 18	16. 25	16. 42	15. 77	14. 12	14. 58	15. 67	15. 99	16. 14
河南	13. 69	13. 63	13. 89	13. 41	13. 30	12. 33	12. 81	12. 19	12. 07
湖北	17. 35	17. 21	17. 02	16. 82	16. 38	15. 22	13. 51	11. 39	9. 44
湖南	10. 70	10. 40	10. 26	10. 23	10. 20	10. 30	10. 28	10. 05	9. 53

续表

省份	2007 年	2008 年	2009 年	2010 年	2011 年	2012 年	2013 年	2014 年	2015 年
中部平均	12.41	12.36	12.60	12.12	11.79	11.51	11.38	10.96	10.63
内蒙古	17.41	17.59	17.10	16.92	16.47	15.91	15.14	14.57	15.01
广西	7.14	7.04	7.05	6.92	6.53	6.40	6.22	5.89	5.35
四川（重庆）	8.60	9.24	8.80	8.65	8.66	8.34	8.50	8.36	7.91
贵州	17.13	17.01	16.46	16.01	15.95	14.79	14.59	14.53	14.10
云南	9.06	9.14	9.25	9.29	8.94	8.91	8.75	8.48	8.35
陕西	22.28	21.86	22.16	21.88	20.48	17.75	17.95	18.17	17.99
甘肃	16.90	16.43	16.42	16.17	15.66	13.79	12.04	11.42	11.16
青海	22.29	22.55	22.97	22.92	22.91	20.85	21.06	20.16	20.27
宁夏	14.25	14.58	14.66	14.50	14.74	14.14	14.02	13.47	12.95
新疆	9.19	8.90	9.24	8.03	8.42	8.72	8.81	8.24	7.33
西部平均	14.43	14.43	14.41	14.13	13.88	12.96	12.71	12.33	12.04
全国平均	13.71	13.85	13.64	13.28	12.85	12.36	12.25	11.84	11.55

参考文献

[1] Aidt T. Corruption, Institutions, and Economic Development [J]. Oxford Review of Economic Policy, 2009, 25 (2): 271 -291.

[2] Aidt T, Dutta J, Sena V. Governance Regimes, Corruption and Growth: Theory and Evidence [J]. Journal of Comparative Economics, 2008, 36 (2): 195 -220.

[3] Akpan U F, Abang D. Environmental Quality and Economic Growth: A Panel Analysis of the "U" in Kuznets [J]. Mpra Paper, 2014 (20): 317 -339.

[4] Al-Mulali U, Tang C F. Investigating the Validity of Pollution Haven Hypothesis in the Gulf Cooperation Council (GCC) Countries [J]. Energy Policy, 2013, 60 (5): 813 -819.

[5] Albornoz F, Cole M A, Elliott R J, et al. In Search of Environmental Spillovers [J]. The World Economy, 2009, 32 (1): 136 -163.

[6] Anselin L. Spatial Econometrics: Methods and Models [M]. Dordrecht: Klwer Academic Plublishers, 1988.

[7] Anselin L, Bera A K, Florax R, et al. Simple Diagnostic Tests for Spatial Dependence [J]. Regional Science & Urban Economics, 1996, 26 (1): 77 -104.

[8] Baksi S, Bose P. Environmental Regulation in the Presence of an Informal Sector [J]. American Journal of Cardiology, 2010, 105 (9): 152 -157.

[9] Batabyal S, Chowdhury A. Curbing Corruption, Financial Development and Income Inequality [J]. Progress in Development Studies, 2015, 15 (1): 49 -72.

[10] Berkhout P H, Muskens J C, Velthuijsen JW. Defining the Rebound effect [J]. Energy Policy, 2000, 28 (6): 425 -432.

[11] Biller D. Informal Gold Mining and Mercury Pollution in Brazil [R]. World Bank Policy Research Working Paper, 1994: 1304.

[12] Birdsall N, Wheeler D. Trade Policy and Industrial Pollution in Latin America: Where Are the Pollution Havens? [J]. Journal of Environment & Development,

1993, 2 (1): 137 - 149.

[13] Biswas A K, Farzanegan M R, Thum M. Pollution, Shadow Economy and Corruption: Theory and Evidence [J]. Ecological Economics, 2012, 75 (2): 114 - 125.

[14] Blackburn K, Bose N, Haque M E. The Incidence and Persistence of Corruption in Economic Development [J]. Journal of Economic Dynamics and Control, 2006, 30 (12): 2447 - 2467.

[15] Blackburn K, Forgues-Puccio G F. Distribution and Development in a Model of Misgovernance [J]. European Economic Review, 2007, 51 (6): 1534 - 1563.

[16] Blackman A. Informal Sector Pollution Control: What Policy Options Do We Have? [J]. World Development, 2000, 28 (12): 2067 - 2082.

[17] Blackman A, Bannister G J. Community Pressure and Clean Technology in the Informal Sector: An Econometric Analysis of the Adoption of Propane by Traditional Mexican Brickmakers [J]. Journal of Environmental Economics & Management, 1998, 35 (1): 1 - 21.

[18] Blanco L, Gonzalez F, Ruiz I. The Impact of FDI on CO_2 Emissions in Latin America [J]. Oxford Development Studies, 2013, 41 (1): 104 - 121.

[19] Boyce J K. Inequality as a Cause of Environmental Degradation [J]. Ecological Economics, 1994, 11 (3): 169 - 178.

[20] Breitung J. The Local Power of Some Unit Root Tests for Panel Data [J]. Advances in Econometrics, 2000 (15): 161 - 178.

[21] Breitung J, Das S. Panel Unit Root Tests Under Cross-sectional Dependence [J]. Statistica Neerlandica, 2005, 59 (4): 414 - 433.

[22] Buckley P J, Clegg J, Wang C. The Impact of Inward FDI on the Performance of Chinese Manufacturing Firms [J]. Journal of International Business Studies, 2002, 33 (4): 637 - 655.

[23] Cagan P. The Demand for Currency Relative to the Total Money Supply [J]. Journal of Political Economy, 1958, 66 (4): 303 - 328.

[24] Chaudhuri S, Mukhopadhyay U. Pollution and Informal Sector: A Theoretical Analysis [J]. Journal of Economic Integration, 2006, 21 (2): 363 - 378.

[25] Chen Y, Ebenstein A, Greenstone M, et al. Evidence on the Impact of Sustained Exposure to Air Pollution on Life Expectancy from China's Huai River Policy [J]. Proceedings of the National Academy of Sciences, 2013, 110 (32): 12936 - 12941.

[26] Choi I. Unit Root Tests for Panel Data [J]. Journal of International Money and Finance, 2001, 20 (2): 249 –272.

[27] Choi J P, Thum M. Corruption and the Shadow Economy [J]. International Economic Review, 2005, 46 (3): 817 – 836.

[28] Chong A, Calderón C. Institutional Quality and Income Distribution [J]. Economic Development & Cultural Change, 2000, 48 (4): 761 –786.

[29] Cole M A. Corruption, Income and the Environment: An Empirical Analysis [J]. Ecological Economics, 2007, 62 (3): 637 –647.

[30] Cole M A, Elliott R J, Fredriksson P G. Endogenous Pollution Havens: Does FDI Influence Environmental Regulations? [J]. The Scandinavian Journal of Economics, 2006, 108 (1): 157 –178.

[31] Cole M A, Rayner A J, Bates J M. The Environmental Kuznets Curve: An Empirical Analysis [J]. Environment & Development Economics, 1997, 2 (4): 401 – 416.

[32] Dell' Anno R, Schneider F. The Shadow Economy of Ltaly and other OECD Countries: What Do We Know? [J]. Journal of Public Finance and Public Choice, 2004 (21): 97 –120.

[33] Desai U. Ecological Policy and Politics in Developing Countries: Economic Growth, Democracy, and Environment [M]. New York: State University of New York Press, 1998.

[34] Dobson S, Ramlogan-Dobson C. Is There a Trade-off between Income Inequality and Corruption? Evidence from Latin America [J]. Economics Letters, 2010, 107 (2): 102 –104.

[35] Dondeyne S, Ndunguru E, Rafael P, et al. Artisanal Mining in Central Mozambique: Policy and Environmental Issues of Concern [J]. Resources Policy, 2009, 34 (1): 45 –50.

[36] Dreher A, Gassebner M. Greasing the Wheels? The Impact of Regulations and Corruption on Firm Entry [J]. Public Choice, 2013 (155): 1 –20.

[37] Du J, Lu Y, Tao Z. Economic Institutions and FDI Location Choice: Evidence from US Multinationals in China [J]. Journal of Comparative Economics, 2008, 36 (3): 412 –429.

[38] Egger P, Winner H. How Corruption Influences Foreign Direct Investment: A Panel Data Study [J]. Economic Development & Cultural Change, 2006, 54 (2): 459 –486.

[39] Elgin C, Mazhar U. Environmental Regulation, Pollution and the Informal Economy [J]. SBP Research Bulletin, 2013, 9 (1): 62 -81.

[40] Elgin C, Oztunali O. Pollution and Informal Economy [J]. Economic Systems, 2014, 38 (3): 333 -349.

[41] Eriksson C, Persson J. Economic Growth, Inequality, Democratization, and the Environment [J]. Environmental & Resource Economics, 2003, 25 (1): 1 -16.

[42] Esty D C, Geradin D. Market Access, Competitiveness, and Harmonization: Environmental Protection in Regional Trade Agreements [J]. The Harvard Environmental Law Review, 1997, 21 (2): 265 -336.

[43] Faiz-Ur-Rehman, Ali A, Nasir M. Corruption, Trade Openness, and Environmental Quality: A Panel Data Analysis of Selected South Asian Countries [J]. The Pakistan Development Review, 2007, 46 (4): 673 -688.

[44] Feige E L. The Underground Economy and the Currency Enigma [J]. Public Finance, 1994 (49): 119 -136.

[45] Fisman R, Gatti R. Decentralization and Corruption: Evidence Across Countries [J]. Journal of Public Economics, 2002, 83 (3): 325 -345.

[46] Fredriksson P G, Svensson J. Political Instability, Corruption and Policy Formation: The Case of Environmental Policy [J]. Journal of Public Economics, 2003, 87 (7): 1383 -1405.

[47] Frey B S, Pommerehne W W. The Hidden Economy: State and Prospect for Measurement [J]. Review of Income & Wealth, 1984, 30 (1): 1 -23.

[48] Friedman E, Johnson S, Kaufmann D, et al. Dodging the Grabbing Hand: The Determinants of Unofficial Activity in 69 Countries [J]. Journal of Public Economics, 2000, 76 (3): 459 -493.

[49] Fujita M, Thisse J F. Globalization and the Evolution of the Supply Chain: Who Gains and Who Looses? [J]. International Economic Review, 2006, 47 (3): 811 -836.

[50] Geary R C. The Contiguity Ratio and Statistical Mapping [J]. The Incorporated Statistician, 1954, 5 (3): 115 -146.

[51] Giles DEA. Causality between the Measured and Underground Economies in New Zealand [J]. Applied Economics Letters, 1997, 4 (1): 63 -67.

[52] Giles DEA, Tedds L M, Werkneh G. The Canadian Underground and Measured Economies: Granger Causality Results [J]. Applied Economics, 2002, 34 (18): 2347 -2352.

[53] Glaeser E L, Saks R E. Corruption in America [J]. Journal of Public Economics, 2006, 90 (6): 1053 - 1072.

[54] Godinez J R, Liu L. Corruption Distance and FDI Flows Into Latin America [J]. International Business Review, 2015, 24 (1): 33 - 42.

[55] Goetz A M. Political Cleaners: Women as the New Anti-Corruption Force? [J]. Development & Change, 2007, 38 (1): 87 - 105.

[56] Grey K, Brank D. Environmental Issues in Policy-Based Competition for Investment: A Literature Review [J]. Ecological Economics, 2002 (11): 71 - 81.

[57]: Grossman G M, Krueger A B. Environmental Impacts of a North American Free Trade Agreement [M] . National Bureau of Economic Research, 1991.

[58] Habib M, Zurawicki L. Country-level Investments and the Effect of Corruption—Some Empirical Evidence [J]. International Business Review, 2001, 10 (6): 687 - 700.

[59] Hadri K. Testing for Stationarity in Heterogeneous Panel Data [J]. The Econometrics Journal, 2000, 3 (2): 148 - 161.

[60] Hao Y, Liu Y M. Has the Development of FDI and Foreign Trade Contributed to China's CO_2 Emissions? An Empirical Study with Provincial Panel Data [J]. Natural Hazards, 2014, 76 (2): 1079 - 1091.

[61] Harris R D F, Tzavalis E. Inference for Unit Roots in Dynamic Panels Where the Time Dimension is Fixed [J]. Journal of Econometrics, 1999, 91 (2): 201 - 226.

[62] He J. Pollution Haven Hypothesis and Environmental Impacts of Foreign Direct Investment: The Case of Industrial Emission of Sulfur Dioxide in Chinese Provinces [J]. Ecological Economics, 2006, 60 (1): 228 - 245.

[63] Heckelman J C, Powell B. Corruption and the Institutional Environment for Growth [J]. Comparative Economic Studies, 2010, 52 (3): 351 - 378.

[64] Huang J, Chen X, Huang B, et al. Economic and Environmental Impacts of Foreign Direct Investment in China: A Spatial Spillover Analysis [J]. China Economic Review, 2016.

[65] Hubbard T N. An Empirical Examination of Moral Hazard in the Vehicle Inspection Market [J]. Rand Journal of Economics, 1998, 29 (2): 406 - 426.

[66] Huntington S P. Political Order in Changing Societies [M]: Yale University Press, 1968.

[67] Im K S, Pesaran M H, Shin Y. Testing for Unit Roots in Heterogeneous Panels [J]. Journal of Econometrics, 2003, 115 (1): 53 - 74.

[68] Isachsen A J, Strom S. The Size and Growth of the Hidden Economy in Norway [J]. Review of Income & Wealth, 1985, 31 (1): 21 –38.

[69] Ivanova K. Corruption and air Pollution in Europe [J]. Quarterly Journal of Economics, 2011, 63 (1): 49 –70.

[70] Javorcik B S, Wei S J. Corruption and Cross-border Investment in Emerging Markets: Firm-level Evidence [J]. Journal of International Money & Finance, 2009, 28 (4): 605 –624.

[71] Johnson N D, Ruger W, Sorens J, et al. Corruption, Regulation, and Growth: An Empirical Study of the United States [J]. Economics of Governance, 2014, 15 (1): 51 –69.

[72] Lahiri-Dutt K. Informality in Mineral Resource Management in Asia: Raising Questions Relating to Community Economies and Sustainable Development [J]. Natural Resources Forum, 2004, 28 (2): 123 –132.

[73] Leff N H. Economic Development Through Bureaucratic Corruption [J]. American Behavioral Scientist, 1964, 8 (3): 8 –14.

[74] Leitão A. Corruption and the Environmental Kuznets Curve: Empirical Evidence for Sulfur [J]. Ecological Economics, 2010, 69 (11): 2191 –2201.

[75] Levin A, Lin C F, Chu C S J. Unit Root Tests in Panel Data: Asymptotic and Finite-sample Properties [J]. Journal of Econometrics, 2002, 108 (1): 1 –24.

[76] Levinson A, Taylor M S. Unmasking the Pollution Haven Hypothesis [J]. International Economic Review, 2008, 49 (1): 223 –254.

[77] Li H, Xu L C, Zou H F. Corruption, Income Distribution, and Growth [J]. Economics & Politics, 2000, 12 (2): 155 –182.

[78] Lisciandra M, Migliardo C. An Empirical Study of the Impact of Corruption on Environmental Performance: Evidence from Panel Data [J]. Environmental and Resource Economics, 2017, 68 (2): 297 –318.

[79] Liu X, Parker D, Vaidya K, et al. The Impact of Foreign Direct Investment on Labour Productivity in the Chinese Electronics Industry [J]. International Business Review, 2001, 10 (4): 421 –439.

[80] Lopez R, Mitra S. Corruption, Pollution, and the Kuznets Environment curve [J]. Journal of Environmental Economics and Management, 2000, 40 (2): 137 –150.

[81] Lui F T. An Equilibrium Queuing Model of Bribery [J]. Journal of Political Economy, 1985, 93 (4): 760 –781.

[82] Méon P-G, Weill L. Is Corruption an Efficient Grease? [J]. World Development, 2010, 38 (3): 244 -259.

[83] Maddala G S, Wu S. A Comparative Study of Unit Root Tests with Panel Data and a New Simple Test [J]. Oxford Bulletin of Economics and Statistics, 1999, 61 (S1): 631 -652.

[84] Manion M. Corruption and Corruption Control: More of the Same in 1996 [J]. China Review, 1997: 33 -56.

[85] Mankiw N G, Romer D, Weil D N. A Contribution to the Empirics of Economic Growth [J]. Quarterly Journal of Economics, 1992, 107 (2): 407 -437.

[86] Mauro P. Corruption and Growth [J]. The Quarterly Journal of Economics, 1995, 110 (3): 681 -712.

[87] Mauro P. Corruption and the Composition of Government Expenditure [J]. Journal of Public Economics, 1998, 69 (2): 263 -279.

[88] Meadows D H, Meadows D L, Randers J, et al. The Limits to Growth [J]. New York, 1972 (102): 27.

[89] Mehen M A. The Relationship between Corruption and Income Inequality: A Cross-national Study [R]. Dissertations & Theses-Gradworks, 2013.

[90] Mo P H. Corruption and Economic Growth [J]. Journal of Comparative Economics, 2001, 29 (1): 66 -79.

[91] Moran P A P. Notes on Continuous Stochastic Phenomena [J]. Biometrika, 1950, 37 (1/2): 17 -23.

[92] Murphy K M, Shleifer A, Vishny R W. Why is Rent-seeking so Costly to Growth? [J]. The American Economic Review, 1993, 83 (2): 409 -414.

[93] Nasreen S, Mahmoodul Hassan, Riaz M F. Relationship between Corruption, Income Inequality and Environmental Degradation in Pakistan: An Econometric Analysis [J]. Bulletin of Energy Economics, 2016 (4): 39 -46.

[94] Nye J S. Corruption and Political Development: A Cost-Benefit Analysis [J]. American Political Science Review, 1967, 61 (2): 417 -427.

[95] Oliva P. Environmental Regulations and Corruption: Automobile Emissions in Mexico City [J]. Journal of Political Economy, 2015, 123 (3): 686 -724.

[96] Panayotou T. Empirical Tests and Policy Analysis of Environmental Degradation at Different Stages of Economic Development [M]. International Labour Organization, 1993.

[97] Pellegrini L, Gerlagh R. Corruption and Environmental Policies: What Are

the Implications for the Enlarged EU? [J]. Environmental Policy and Governance, 2006, 16 (3): 139-154.

[98] Pestieau P, Possen U M. Tax Evasion and Occupational Choice [J]. Journal of Public Economics, 1991, 45 (1): 107-125.

[99] Pupović. Corruption's Effect on Foreign Direct Investment: The Case of Bosnia and Herzegovina [J]. International Journal of Sustainable Economies Management, 2013, 2 (3): 1-18.

[100] Qian X, Sandoval-Hernandez J. Corruption Distance and Foreign Direct Investment [J]. Emerging Markets Finance and Trade, 2016, 52 (2): 400-419.

[101] Quazi R M. Corruption and Foreign Direct Investment in East Asia and South Asia: An Econometric Study [J]. International Journal of Economics & Financial Issues, 2014 (4): 231-242.

[102] Ravallion M, Heil M, Jalan J. Carbon Emissions and Income Inequality [J]. Oxford Economic Papers, 2000, 52 (4): 651-669.

[103] Ren S, Yuan B, Ma X, et al. International Trade, FDI (Foreign Direct Investment) and Embodied CO_2 Emissions: A Case Study of Chinas Industrial Sectors [J]. China Economic Review, 2014, 28 (1): 123-134.

[104] Requate T. Dynamic Incentives by Environmental Policy Instruments—A Survey [J]. Ecological Economics, 2005, 54 (2): 175-195.

[105] Roca J, Padilla E, Farré M, et al. Economic Growth and Atmospheric Pollution in Spain: Discussing the Environmental Kuznets Curve Hypothesis [J]. Ecological Economics, 2001, 39 (1): 85-99.

[106] Rock M T, Bonnett H. The Comparative Politics of Corruption: Accounting for the East Asian Paradox in Empirical Studies of Corruption, Growth and Investment [J]. World Development, 2004, 32 (6): 999-1017.

[107] Sadig A A. The Effects of Corruption on FDI Inflows [J]. Cato Journal, 2009, 29 (2): 267-294.

[108] Schneider F. Measuring the Size and Development of the Shadow Economy. Can the Causes be Found and the Obstacles be Overcome? [M]. Springer Berlin Heidelberg, 1994.

[109] Schneider F, Buehn A, Montenegro CE. Shadow Economies All Over the World: New Estimates for 162 Countries from 1999 to 2007 [R]. World Bank Policy Research Working Paper, 2010.

[110] Schneider F, Enste DH. Shadow Economies: Size, Causes, and Conse-

quences [J]. Journal of Economic Literature, 2000, 38 (1): 77 -114.

[111] Scruggs L A. Political and Economic Inequality and the Environment [J]. Ecological Economics, 1998, 26 (3): 259 -275.

[112] Selden T M, Song D. Environmental Quality and Development: Is There a Kuznets Curve for Air Pollution Emissions? [J]. Journal of Environmental Economics & Management, 1994, 27 (2): 147 -162.

[113] Shleifer A, Vishny R W. Corruption [J]. The Quarterly Journal of Economics, 1993, 108 (3): 599 -617.

[114] Smarzynska B K, Wei S-J. Corruption and Composition of Foreign Direct Investment: Firm-level Evidence [M]. National Bureau of Economic Research Cambridge, MA, 2000.

[115] Smarzynska B K, Wei S-J. Pollution Havens and Foreign Direct Investment: Dirty Secret or Popular Myth? [M] . National Bureau of Economic Research, 2001.

[116] Smith P. Assessing the Size of the Underground Economy: The Canadian Statistical Perspectives [J]. Canadian Economic Observer, 1994 (11): 16 -33.

[117] Subasat T, Bellos S. Governance and Foreign Directinvestment in Latin America: A Panel Gravity Model Approach [J]. Latin American Journal of Economics, 2013, 50 (1): 107 -131.

[118] Svensson J. Eight Questions about Corruption [J]. Journal of Economic Perspectives, 2005, 19 (3): 19 -42.

[119] Swamy A, Knack S, Lee Y, et al. Gender and Corruption [J]. Journal of Development Economics, 2001, 64 (1): 25 -55.

[120] Tanzi V. The Underground Economy in the United States: Annual Estimates, 1930 -1980 [J]. IMF Staff Papers, 1983, 30 (2): 283 -305.

[121] Tanzi V. Government Role and the Efficiency of Policy Instruments. Public Finance in a Changing World [M] . Springer, 1998: 51 -69.

[122] Tanzi V, Davoodi H. Corruption, Public Investment, and Growth [M]. Springer Japan, 1998.

[123] Tobler W. A Computer Movie Simulating Urban Growth in the Detroit Region [J]. Economic Geography, 1970, (46): 234 -240.

[124] Torras M, Boyce J K. Income, Inequality, and Pollution: A Reassessment of the Environmental Kuznets Curve [J]. Ecological Economics, 1998, 25 (2): 147 -160.

[125] Vona F, Patriarca F. Income Inequality and the Development of Environmental Technologies [J]. Ecological Economics, 2011, 70 (11): 2201 -2213.

[126] Walter I, Ugelow J L. Environmental Policies in Developing Countries [J]. Ambio, 1979, 8 (2): 102 -109.

[127] Wei S-J. How Taxing is Corruption on International Investors? [J]. The Review of Economics and Statistics, 2000, 82 (1): 1 -11.

[128] Wei S J, Shleifer A. Local Corruption and Global Capital Flows [J]. Brookings Papers on Economic Activity, 2000, 62 (2): 303 -354.

[129] Welsch H. Corruption, Growth, and the Environment: A Cross-country Analysis [J]. Environment and Development Economics, 2004, 9 (5): 663 -693.

[130] Yan M, An Z. Foreign Direct Investment and Environmental Pollution: New Evidence from China [J]. Econometrics Letters, 2017 (1) .

[131] Yitzhaki S. Income Tax Evasion: A Theoretical Analysis [J]. Journal of Public Economics, 1974, 3 (2): 201 -202.

[132] 包群，陈媛媛，宋立刚. 外商投资与东道国环境污染：存在倒 U 型曲线关系吗？[J]. 世界经济，2010 (1)：3 -17.

[133] 包群，彭水军. 经济增长与环境污染：基于面板数据的联立方程估计 [J]. 世界经济，2006 (11)：48 -58.

[134] 毕克新，杨朝均. FDI 溢出效应对我国工业碳排放强度的影响 [J]. 经济管理，2012 (8)：31 -39.

[135] 蔡昉，都阳，王美艳. 经济发展方式转变与节能减排内在动力 [J]. 经济研究，2008 (6)：4 -11 +36.

[136] 曹皎皎. 政府腐败与居民收入差距的关系研究 [J]. 湘南学院学报，2016 (2)：40 -44.

[137] 曹翔，余升国，刘洪铎. 内外资对中国碳排放影响的比较 [J]. 中国人口·资源与环境，2016 (12)：70 -76.

[138] 曾望军. 污染物排放强度与我国经济增长——基于内生增长模型的研究 [J]. 湖南大学学报（社会科学版），2016 (3)：94 -100.

[139] 陈刚. 腐败与收入不平等——来自中国的经验证据 [J]. 南开经济研究，2011 (5)：113 -131.

[140] 陈媛媛. 东道国腐败、FDI 与环境污染 [J]. 世界经济研究，2016 (10)：125 -134.

[141] 陈媛媛，李坤望. 中国工业行业 SO_2 排放强度因素分解及其影响因素——基于 FDI 产业前后向联系的分析 [J]. 管理世界，2010 (3)：14 -21.

[142] 冯宗宪，王石，王华．自然资源是“祝福”还是“诅咒”？——基于资源丰裕度与收入水平关系的分析 [J]. 华东经济管理，2014，28（6）：1－7.

[143] 谷成，曲红宝，王远林．腐败、经济寻租与公共支出结构——基于2007—2013年中国省级面板数据的分析 [J]. 财贸经济，2016（3）：14－27＋77.

[144] 郭沛，张曙霄．中国碳排放量与外商直接投资的互动机制——基于1994～2009年数据的实证研究 [J]. 国际经贸探索，2012（5）：59－68.

[145] 过勇．十八大之后的腐败形势：三个维度的评价 [J]. 政治学研究，2017（3）：2－11＋125.

[146] 韩冰洁，薛求知．东道国腐败对FDI及其来源的影响 [J]. 当代财经，2008（2）：99－105.

[147] 何轩，马骏，朱丽娜等．腐败对企业家活动配置的扭曲 [J]. 中国工业经济，2016（12）：106－122.

[148] 贺俊，刘亮亮，唐述毅．环境污染、财政分权与中国经济增长 [J]. 东北大学学报（社会科学版），2016（1）：23－28.

[149] 贺培，刘叶．FDI对中国环境污染的影响效应——基于地理距离工具变量的研究 [J]. 中央财经大学学报，2016（6）：79－86.

[150] 胡兵，邓富华．腐败距离与中国对外直接投资——制度观和行为学的整合视角 [J]. 财贸经济，2014（4）：82－92.

[151] 胡雷．城乡收入差距会影响二氧化碳排放吗？——基于IPAT扩展模型的实证研究 [J]. 城市与环境研究，2015（4）：87－99.

[152] 胡小娟，赵寒．中国工业行业外商投资结构的环境效应分析——基于工业行业面板数据的实证检验 [J]. 世界经济研究，2010（7）：55－61＋88－89.

[153] 黄寿峰．环境规制、影子经济与雾霾污染——动态半参数分析 [J]. 经济学动态，2016（11）：33－44.

[154] 姜树广，陈叶烽．腐败的困境：腐败本质的一项实验研究 [J]. 经济研究，2016（1）：127－140.

[155] 晋盛武，吴娟．腐败、经济增长与环境污染的库兹涅茨效应：以二氧化硫排放数据为例 [J]. 经济理论与经济管理，2014（6）：28－40.

[156] 阚大学，吕连菊．对外贸易、地区腐败与环境污染——基于省级动态面板数据的实证研究 [J]. 世界经济研究，2015（1）：120－126＋129.

[157] 阚大学，吕连菊．要素市场扭曲加剧了环境污染吗——基于省级工业行业空间动态面板数据的分析 [J]. 财贸经济，2016（5）：146－159.

[158] 李春梅．环境库兹涅茨曲线之于北京市的适用性分析 [J]. 城市问题，2017（4）：34－40.

[159] 李海鹏，叶慧，张俊飚. 中国收入差距与环境质量关系的实证检验——基于对环境库兹涅茨曲线的扩展 [J]. 中国人口·资源与环境，2006 (2)：46－50.

[160] 李后建. 腐败会损害环境政策执行质量吗？[J]. 中南财经政法大学学报，2013 (6)：34－42.

[161] 李金昌，徐蔼婷. 未被观测经济估算方法新探 [J]. 统计研究，2005 (11)：21－26.

[162] 李静，窦可惠. 为何加速经济增长可以弱化环境污染压力 [J]. 中国人口·资源与环境，2016 (1)：105－112.

[163] 李泉，马黄龙. 经济增长、腐败机会与居民收入的区域分异——基于PVAR模型的实证分析 [J]. 江南大学学报（人文社会科学版），2017 (2)：111－121.

[164] 李胜兰，初善冰，申晨. 地方政府竞争、环境规制与区域生态效率 [J]. 世界经济，2014 (4)：88－110.

[165] 李筱乐. 市场化、工业集聚和环境污染的实证分析 [J]. 统计研究，2014 (8)：39－45.

[166] 李永海，孙群力. 税收负担、税制结构对地区隐性经济的影响效应研究 [J]. 当代财经，2016 (5)：22－32.

[167] 李子豪. 腐败如何影响外商直接投资技术溢出 [J]. 中国软科学，2017 (1)：161－174.

[168] 李子豪. 收入差距对环境污染的收入门槛效应——理论与实证研究 [J]. 经济问题探索，2017 (3)：63－72.

[169] 李子豪，刘辉煌. FDI的技术效应对碳排放的影响 [J]. 中国人口·资源与环境，2011 (12)：27－33.

[170] 李子豪，刘辉煌. FDI对环境的影响存在门槛效应吗——基于中国220个城市的检验 [J]. 财贸经济，2012 (9)：101－108.

[171] 李子豪，刘辉煌. 腐败加剧了中国的环境污染吗——基于省级数据的检验 [J]. 山西财经大学学报，2013 (7)：1－11.

[172] 李子豪，刘辉煌. 外商直接投资、地区腐败与环境污染——基于门槛效应的实证研究 [J]. 国际贸易问题，2013 (7)：50－61.

[173] 廖显春，夏恩龙. 为什么中国会对FDI具有吸引力？——基于环境规制与腐败程度视角 [J]. 世界经济研究，2015 (1)：112－119＋129.

[174] 林伯强，杜克锐. 要素市场扭曲对能源效率的影响 [J]. 经济研究，2013 (9)：125－136.

[175] 林光平，龙志和，吴梅．我国地区经济收敛的空间计量实证分析：1978~2002 年［J］．经济学（季刊），2005（S1）：67－82.

[176] 刘波．未被观测经济对中国环境污染的影响分析［J］．统计与决策，2015（4）：128－131.

[177] 刘洪，夏帆．要素分配法估测我国非正规经济的规模［J］．财政研究，2004（1）：16－19.

[178] 刘华军，裴延峰．我国雾霾污染的环境库兹涅茨曲线检验［J］．统计研究，2017（3）：45－54.

[179] 刘勇政，冯海波．腐败、公共支出效率与长期经济增长［J］．经济研究，2011（9）：17－28.

[180] 刘渝琳，郑效晨，王鹏．FDI 与工业污染排放物的空间面板模型分析［J］．管理工程学报，2015（2）：142－148.

[181] 龙硕，胡军．政企合谋视角下的环境污染：理论与实证研究［J］．财经研究，2014（10）：131－144.

[182] 罗良文，李珊珊．FDI 技术外溢的垂直效应与中国工业碳排放［J］．山西财经大学学报，2012（11）：54－62.

[183] 吕雷，汪天凯，俞岳．腐败、金融生态环境与地区经济增长［J］．广东财经大学学报，2017（1）：63－73.

[184] 马岚．腐败与 FDI 技术溢出——基于省际面板数据的门槛效应研究［J］．商业经济研究，2015（18）：115－117.

[185] 亓朋，许和连，艾洪山．外商直接投资企业对内资企业的溢出效应：对中国制造业企业的实证研究［J］．管理世界，2008（4）：58－68.

[186] 盛斌，吕越．外国直接投资对中国环境的影响——来自工业行业面板数据的实证研究［J］．中国社会科学，2012（5）：54－75＋205－206.

[187] 孙华臣，孙丰凯．城乡收入差距对碳排放影响的经验证据——兼论“公平”何以提升“效率”［J］．宏观经济研究，2016（1）：47－58.

[188] 孙群力．经济增长、腐败与收入不平等［J］．中南财经政法大学学报，2014（5）：25－31＋158－159.

[189] 万良勇，陈馥爽，饶静．地区腐败与企业投资效率——基于中国上市公司的实证研究［J］．财政研究，2015（5）：57－62.

[190] 王佳，杨俊．地区腐败、经济发展与环境质量：理论和证据［J］．云南财经大学学报，2015（4）：70－80.

[191] 王立勇，陈杰，高伟．中国地方官员腐败与收入差距关系之谜：经验分析与理论解释［J］．宏观经济研究，2014（3）：84－93.

[192] 王敏，黄滢．中国的环境污染与经济增长［J］．经济学（季刊），2015 (2)：557－578.

[193] 韦茜，苏凯．政府腐败与外商投资相关性分析［J］．湖北经济学院学报（人文社会科学版），2016（6）：29－32.

[194] 吴敬琏．腐败是造成收入不公的首要因素［J］．当代经济，2006 (9)：1.

[195] 吴一平．治理环境好的地区会吸引更多的外商直接投资吗？［J］．南开经济研究，2010（4）：48－59.

[196] 吴一平，朱江南．腐败、反腐败和中国县际收入差距［J］．经济社会体制比较，2012（2）：29－39.

[197] 谢孟军．腐败、腐败距离与外资流入——基于中国 OFDI 的经验数据［J］．国际经贸探索，2016（5）：87－98.

[198] 薛宝贵，何炼成．公共权力、腐败与收入不平等［J］．经济学动态，2015（6）：27－35.

[199] 薛求知，韩冰洁．东道国腐败对跨国公司进入模式的影响研究［J］．经济研究，2008（4）：88－98.

[200] 闫海波，陈敬良，孟媛．中国省级地下经济与环境污染——空间计量经济学模型的实证［J］．中国人口·资源与环境，2012（S2）：275－280.

[201] 杨灿明，孙群力．中国各地区隐性经济的规模、原因和影响［J］．经济研究，2010（4）：93－106.

[202] 杨灿明，赵福军．行政腐败的宏观经济学分析［J］．经济研究，2004 (9)：101－109.

[203] 杨仁发．产业集聚、外商直接投资与环境污染［J］．经济管理，2015 (2)：11－19.

[204] 杨子晖，田磊．"污染天堂"假说与影响因素的中国省际研究［J］．世界经济，2017（5）：148－172.

[205] 姚尧，李江风，胡涛等．中国城市 NO_2 浓度的时空分布及社会经济驱动力［J］．资源科学，2017（7）：1383－1393.

[206] 易丹辉．结构方程模型：方法及应用［M］．北京：中国人民大学出版社，2008.

[207] 余长林，高宏建．环境管制对中国环境污染的影响——基于隐性经济的视角［J］．中国工业经济，2015（7）：21－35.

[208] 张可，汪东芳．经济集聚与环境污染的交互影响及空间溢出［J］．中国工业经济，2014（6）：70－82.

［209］张乐才，刘尚希．收入差距影响环境污染的机理——基于我国省级面板数据的实证分析［J］．兰州学刊，2015（11）：171－179＋196.

［210］张璇，杨灿明．行政腐败与城乡居民收入差距——来自中国120个地级市的证据［J］．财贸经济，2015（1）：77－89.

［211］张亚斌，李英杰，金培振．要素市场扭曲影响中国城市环境质量的空间效应研究［J］．财经论丛，2016（7）：3－10.

［212］郑强，冉光和，邓睿等．中国FDI环境效应的再检验［J］．中国人口·资源与环境，2017（4）：78－86.

［213］钟凯扬．对外贸易、FDI与环境污染的动态关系——基于PVAR模型的研究［J］．生态经济，2016（12）：58－64.

［214］钟茂初，赵志勇．城乡收入差距扩大会加剧环境破坏吗？——基于中国省级面板数据的实证分析［J］．经济经纬，2013（3）：125－128.

［215］周超，刘夏．金融发展视角下FDI环境效应的门槛检验［J］．哈尔滨商业大学学报（社会科学版），2017（1）：13－19.

［216］周灵灵．腐败、反腐败与外商直接投资［D］．中央财经大学博士学位论文，2015.

［217］周一星，田帅．以“五普”数据为基础对我国分省城市化水平数据修补［J］．统计研究，2006（1）：62－65.